Les chimpanzés et le télétravail

Éditions Eyrolles
61, bd Saint-Germain
75240 Paris Cedex 05
www.editions-eyrolles.com

ISBN : 978-2-416-00389-9

Pascal Picq

Les chimpanzés et le télétravail

Vers une (r)évolution anthropologique ?

Éditions
EYROLLES

Sommaire

Introduction

Cet essai ne parle pas des chimpanzés, mais de comment les fondements de nos comportements sociaux partagés avec eux depuis plusieurs millions d'années vont se confronter aux changements que vont connaître nos sociétés après la pandémie de la Covid-19. Car cette pandémie accélère des transformations en cours depuis deux décennies avec, en toile de fond, une révolution numérique à l'échelle mondiale. Alors pourquoi les chimpanzés ? D'abord, on ne peut pas dire qu'ils travaillent. Un esprit un peu malin du XIXe siècle explique que s'ils ne parlent pas, c'est qu'ils ne veulent pas qu'on les fasse travailler. Blague à part, le travail est une spécificité du genre humain depuis deux millions d'années, avec pour corollaire la propension très humaine d'exploiter son prochain, à commencer par les femmes. Sur ce point anthropologique, Karl Marx et Friedrich Engels ne se sont pas trompés. Et le travail est indissolublement lié à la question des technologies et de leur évolution.

Il se trouve que les chimpanzés se montrent les plus industrieux des singes, hormis les humains, utilisant divers types d'outils de pierre et de bois, mais sans pour autant exploiter les autres. S'ils nous intéressent pour reconstituer nos origines communes, c'est aussi le cas pour comprendre l'adaptation de nos sociétés actuelles avec la transformation du travail impulsée par les technologies du numérique. D'un point de vue éthologique, ils vivent dans des sociétés dites de fusion/fission tout en maintenant leurs cohésions sociale et culturelle. Ils se scindent en sous-groupes ou individuellement pour vaquer à diverses occupations et se rassemblent pour des raisons sociales et politiques. En plus, les femelles se distinguent par leur habilité technique, dont l'usage de différents types d'outils, ce que respectent les mâles. Ceux-ci ne s'approprient pas leurs moyens de production, ni le fruit de leurs productions. Ce sont là tous les défis qui attendent l'humanité avec les profondes transformations en cours du travail et de nos sociétés. Notre longue évolution a encore beaucoup à nous apprendre sur nos capacités à nous adapter à un monde que nous contribuons tant à changer alors que trop d'archaïsmes anthropologiques entravent nos capacités adaptatives. Les nouvelles formes de travail poussées par la révolution numérique avec des personnes et des machines connectées à distance vont-elles accentuer les inégalités qui se creusent partout dans le monde ou favoriser l'émergence d'une civilisation plus équitable ? Plus de scissions ou de fusions/fissions ? Car si l'humeur du temps se focalise sur les vaccins et le télétravail, il n'en reste pas moins que plus de la moitié des métiers et de leurs tâches continueront de se faire sur des lieux dédiés et en contact avec des personnes pour les soins, les relations clients, les assistances, les réunions… La crise de la pandémie a révélé combien les différents métiers subissent ou s'adaptent à tous ces changements brutalement exacerbés par les confinements et les contraintes sanitaires.

L'OMS (Organisation mondiale de la santé) a déclaré un état de pandémie le 11 mars 2020. Le coronavirus a fait le tour de la terre en moins de 24 heures, déclenchant l'épidémie la plus soudaine qui soit à l'échelle mondiale. Les confinements imposés par la crise de la Covid-19 ont provoqué un brusque retournement des habitudes de travail, une majorité de personnes n'allant plus au travail mais le travail venant à elles. Est-ce que le modèle qui a prévalu pendant presque deux siècles, celui du premier âge des machines, va enfin se transformer avec l'affirmation du deuxième âge des machines[1] ? Autrement dit, est-ce qu'on va revenir, évidemment sous d'autres formes d'organisation, à ce qui a toujours prévalu dans les activités humaines depuis les inventions des agricultures, à savoir sur une durée de dix millénaires depuis le Néolithique jusqu'à la révolution industrielle : l'unité du lieu de vie privée et de travail ?

Depuis la fin du XXe siècle, des prospectivistes produisent des études sur la fin du travail[2], notamment avec l'automatisation et l'automation et, s'il y en a encore, comment il subira des transformations considérables[3]. Le moins que l'on puisse dire, c'est que rien de ce qui était annoncé est advenu. Il n'y a jamais eu autant de travail dans le monde et les transformations attendues ne se sont pas réalisées. Nos prospectivistes restent très

1. E. Brynjolfsson, A. McAfee, *Le deuxième âge de la machine*, Odile Jacob, 2015.
2. J. Rifkin, *La fin du travail*, La Découverte, 1997.
3. P. Beretti, A. Bloch, *Homo numericus au travail*, Economica, 2016.

sceptiques envers le concept de « destruction créatrice » de Joseph Schumpeter[1] et ignorent une règle empirique de la coévolution entre les sociétés humaines et leurs innovations techniques et culturelles : toutes les révolutions technologiques ont créé plus de tâches et plus de travail, avec tout un cortège de transformations démographiques et sociétales, d'inégalités ou de progrès social.

De profondes transformations de l'économie et de la société se sont affirmées entre l'annonce par Jeremy Rifkin de la fin du travail et la pandémie de Covid-19. D'abord, les notions de bien-être au travail, un oxymore au regard de la longue tradition de lutte pour améliorer les conditions de travail. Deux approches prévalent, l'une quantitative visant à réduire les temps de labeur (heures de travail hebdomadaires, avancement du départ à la retraite, RTT...) ; l'autre qualitative en proposant de meilleures conditions ; mieux encore, une combinaison des deux. Plus discutables, toutes ces tentatives d'acceptation des conditions de travail usant de diverses techniques de la psychologie, allant de la méthode Coué à de réelles évolutions à la fois personnelles et managériales. Par ailleurs, la tertiarisation massive des métiers peine encore à se détacher de la notion de travail sur poste fixe, autrement dit, dans des bureaux. Là aussi, une profusion de nouvelles expériences a vu le jour depuis quelques décennies : open space, tiers-lieux, bureaux modulables ou partagés, bureaux nomades... Des femmes et des hommes s'épanouissent dans ces nouvelles formes de travail ; d'autres ne trouvent jamais leurs marques,

---

1. P. Aghion, C. Antonin, S. Bunel, *Le pouvoir de la destruction créatrice*, Odile Jacob, 2020.

développant des troubles psychosociaux. Enfin, l'impact des technologies du numérique oblige à repenser les tâches, celles dédiées aux humains, celles confiées aux machines et celles hybrides humains/machines, sur site ou à distance. Toutes ces tendances s'affirment et c'est là qu'arrive le confinement et le télétravail obligé, mal vécus par certains, très appréciés par d'autres, et pas pour les mêmes raisons. Puis arrive la fin du premier confinement avec, pour de nombreuses entreprises, le rappel pour le présentiel comme avant la crise. Ce retour à la normale témoigne d'une profonde inaptitude à s'adapter, notamment au regard de toutes ces évolutions brièvement décrites, mais néanmoins plus que significatives. Alors, comme dans l'évolution, comment les entreprises vont-elles adopter ou non de nouvelles organisations du travail ? Car la sélection naturelle ne crée rien. Elle favorise telle ou telle variation compte tenu de nouvelles circonstances. On croit trop souvent qu'innover, c'est créer, trouver une réponse de novo. Nullement. Le plus souvent, cela consiste à favoriser des expériences déjà existantes, de les sélectionner, non sans les développer.

À propos du travail à distance, on entend très souvent, par exemple, que les métiers de production requièrent impérativement la présence du personnel. Cela semble frappé du sceau de l'évidence… si l'on s'en tient au modèle du premier âge des machines. Pendant le confinement, les usines de Wuhan, d'où vient le coronavirus, ont même augmenté leurs cadences dans différents secteurs industriels car elles étaient pilotées en ligne grâce à des logiciels d'intelligence artificielle[1]. À l'époque des jumeaux numériques – *digital*

1. « Still made in China. », *The Economist*, 10 septembre 2015.

twins – des robots et des robots collaboratifs – *cobots* – la plupart des séquences de la *supply chain* se réalisent à distance. Alors pourquoi de telles réticences, notamment en France en raison d'un management qui reste encore vertical et présentiel ? On touche là à des questions de culture et de société, autrement dit d'anthropologie et d'éthologie. L'anthropologie s'intéresse à ce que sont les humains alors que l'éthologie étudie les comportements sociaux chez les autres espèces ; l'éthologie humaine se situe à la conjonction de ces deux champs disciplinaires trop longtemps séparés. Nous verrons comment en ouverture de chaque chapitre, l'éthologie nous éclairant sur nos capacités d'adaptation.

Cet essai propose un regard évolutionniste sur les transformations du travail en s'appuyant sur l'anthropologie et l'éthologie, sciences rarement convoquées tant les sciences humaines et sociales les ignorent, voire récusent toute utilité de ces disciplines. Il faut préciser qu'on touche là à une longue tradition philosophique qui remonte au cœur de la révolution industrielle avec ce principe énoncé par Friedrich Engels : le travail libère l'homme de sa condition naturelle. Il faut entendre l'homme moderne, civilisé. Alors rien à apprendre des autres sociétés humaines et encore moins des autres espèces. Et pourtant, il existe une littérature peu connue autour des « primitifs » ou des singes et du travail. Littérature oubliée et pourtant redevenue d'une grande pertinence avec les robots, les robots collaboratifs et les machines apprenantes animées par l'intelligence artificielle ; plus exactement, les différentes formes d'intelligence artificielle[1].

1. P. Picq, *L'intelligence artificielle et les chimpanzés du futur*, Odile Jacob, 2019.

La France traîne de trop nombreux archaïsmes pour s'adapter au monde du travail en train d'advenir. D'abord la manie du management vertical et présentiel. Si cela fait plaisir aux « petits chefs » comme aux « grands chefs », cela nuit à l'autonomie des collaborateurs, entrave leurs aptitudes à s'organiser entre eux, diminue leur créativité en raison du stress présentiel, atténue les initiatives, dénie les responsabilités, ne favorise pas les collaborations spontanées, interdit l'innovation et, *in fine*, atteint leur adaptabilité et leur productivité. C'est la conséquence d'une conception très hiérarchique de l'enseignement supérieur, et tout particulièrement des grandes écoles où prévaut encore trop la recherche d'un statut dans un monde prédéfini plutôt que de s'adapter à un monde qui échappe à toutes les prospectives[1].

D'un point de vue évolutionniste, la France reste collée à une conception du monde héritée du XIXe siècle avec tout ce que cela implique sur les diversités, à commencer pour les femmes, et les personnes issues de différentes origines ethniques, sociales et culturelles. Pour s'en convaincre, et simplement en termes d'images, il suffit de parcourir les rapports produits par les grands instituts ou cabinets internationaux. C'est en ligne. On y voit des femmes et des hommes issus de toutes les diversités et, plus encore, dans tous les métiers à tous les niveaux des entreprises. Rien de tel pour les couvertures de nos principales publications sur le management ou le business en général de notre presse nationale. Dit brutalement,

---

1. P. Picq, *Un paléoanthropologue dans l'entreprise*, Eyrolles, 2011 et *S'adapter ou périr. Covid-19 : faire front. Entretien avec Denis Lafay*, Éditions de l'Aube, 2020.

nos représentations des réussites managériales et entrepreneuriales restent collées à l'image des hommes occidentaux. Non pas que tous ces talents existent, mais on ignore les autres. N'est-il pas troublant que la France et l'Allemagne se fassent régulièrement épinglées, même dans des rapports européens, sur l'absence de statistiques ethniques et culturelles[1] ? Or, toujours d'un point de vue évolutionniste, les diversités constituent la condition première pour l'adaptation à un monde dont personne ne connaît vraiment les changements à venir, ce que confirment toutes les études d'analyse économique : World Economical Forum, International Labor Office, Union européenne, McKinsey Global Institute, Boston Consulting Group, MIT, Roland Berger, UN Women, OCDE…

Pour autant, les effets sur le travail et la société se manifestent depuis le début du XXIe siècle, ainsi que leurs conséquences sociales[2]. En fait, les recommandations et les réglementations pour le travail à distance apparaissent à la fin du XXe siècle, notamment de la part de l'Organisation internationale du travail (IOT ou ILO – *International Labor Organization*) dans les années 1990 alors même que de grands prophètes – toujours adulés de nos médias – annoncent la fin du travail. Les études et les rapports se multiplient au fil des deux dernières décennies, en Europe, bien sûr, mais aussi en France avec de nombreux accords entre des entreprises et des partenaires

---

1. « Racism & Discrimination in employment in Europe », www.enar-eu.org, 2018.
2. Eurostat, *Working from home in the EU*, 20 juin 2018, www.ec.europa.eu/eurostat.

sociaux[1]. Alors pourquoi sommes-nous surpris ? Plusieurs raisons à cela.

La brutalité du confinement a précipité la majorité des personnes dans des situations non anticipées, donc non préparées. Malgré cela, une majorité de personnes y a trouvé dans un premier temps des avantages, et les entreprises également en termes de productivité. Mais passé le temps de la résilience, et l'expérience se prolongeant, les inconvénients n'ont pas tardé à prendre le dessus. Car si les formes de travail à distance accaparent une part croissance des tâches – sans évoquer tous les « nouveaux métiers » qui se font d'emblée en ligne ou les formes de collaborations dites de plateforme –, il en va autrement avec le travail à domicile où interviennent les conditions de vie comme les enjeux de la vie privée qui, d'un coup, deviennent des contraintes pour le travail.

Le travail à distance se définit par « les tâches effectuées dans des locaux qui n'appartiennent pas à l'entreprise employeur, réalisées grâce aux outils numériques des techniques de l'information et de la communication ». Si les conditions ergonomiques et techniques sont présentes dans les lieux de travail mobiles ou alternatifs – tiers-lieux, espaces de coworking, *business centers* des hôtels, espace mis à disposition par les collectivités locales… –, ce n'est pas le cas dans la plupart des résidences des collaboratrices et des collaborateurs ou à proximité. S'il ne fait aucun doute que les expériences acquises dans le

1. « Teleworking during the Covid-19 pandemic and beyond. », ILO, 2020 et Roland Berger (cabinet) et Centre d'analyse stratégique, « Le développement du télétravail dans la société numérique de demain », 2009.

travail à distance serviront à adapter le travail à domicile, ce dernier présente d'énormes contraintes en termes de qualité du logement, la disposition d'une pièce dédiée, les bons matériels informatique et numérique, des réseaux fiables et tout ce qui touche à la vie privée, notamment pour les parents avec des enfants, jeunes ou moins jeunes avec leurs exigences respectives.

La pandémie de la Covid-19 a mis ces contraintes encore plus brutalement en évidence. Alors va-t-on revenir comme avant ou est-ce que les tendances déjà amorcées, et plus que sensibles, notamment dans leurs conséquences sociales et politiques, vont s'affirmer jusqu'à proposer une nouvelle synthèse, en d'autres termes, une révolution ? Car la Covid-19 a affecté l'ensemble de l'humanité, des individus aux environnements en passant par les sociétés ; preuve s'il en était encore besoin que nous sommes insérés dans une logique écosystémique, du niveau local à l'échelle de la terre. Les gouvernements, dirigés par des femmes et des hommes politiques sans aucune expérience d'une telle crise, se sont retrouvés dans une situation inédite avec une évolution prenant une tournure de plus en plus dramatique pour les personnes, l'économie et les sociétés[1].

---

1. P. Picq, *S'adapter ou périr. Covid-19 : faire front. Entretien avec Denis Lafay*, *op.cit.* ; « The right medecine for the world economy », *The Economist* 434 (9184), 7-13 mars 2020 ; « The politics of pandemics », *The Economist* 434 (9185), 14-20 mars 2020 ; « Closed », *The Economist* 434 (9186), 21-27 mars 2020 ; « A grim calculus. The stark choice between life, death and the economy », *The Economist* 435 (9188), 4-10 avril 2020 ; « The next catastrophe (and how to survive) », *The Economist* 435 (9200), 27 juin-3 juillet 2020 ; « The business of survival – how covid-19 will reshape the global commerce », *The Economist* 435 (9189), 11-17 avril 2020 ; « Why are so many governements getting it wrong? », *The Economist* 436 (9213), 26 septembre-2 octobre 2020.

Même si je suis souvent sollicité dans le monde économique et social en tant qu'anthropologue évolutionniste, je ne suis évidemment pas un spécialiste du monde du travail et de ses transformations. Cependant, de nombreuses disciplines scientifiques s'y intéressent : sociologie, psychologie, médecine, anthropologie appliquée… L'ambition limitée de cet essai est de proposer une analyse fondée sur les concepts et les méthodes des théories de l'évolution et, plus précisément, de l'anthropologie et surtout de l'éthologie. Car les changements d'organisation du travail impliquent de nouvelles formes de vie individuelle, en groupes et entre groupes que l'on rencontre chez différentes espèces de singes et de grands singes. Comment passer d'organisations du travail de type macaque à des organisations de type chimpanzé ou, plus largement, de types lamarckien ou darwinien[1], surtout dans le contexte actuel de l'automation et de la numérisation des entreprises[2] ? Car c'est ce qui se passe actuellement, bien que cela ne puisse pas s'appliquer à tous les métiers, actuels comme à venir. Se tromper sur le type d'organisation, comme violer les principes les plus élémentaires de l'éthologie, comme dans le cas des *open spaces*, mène à produire de graves dysfonctionnements personnels et collectifs. Les humains sont adaptables et résilients, certes. Mais toute adaptation rencontre ses limites, pour toutes les espèces, même les plus éthologiquement et cognitivement souples. Dix ans après mon essai *Un paléoanthropologue dans l'entreprise*, le temps est venu du regard d'un anthropologue sur l'entreprise. Les diversités de genres, d'origines ethniques,

1. *Un paléoanthropologue dans l'entreprise*, *op. cit.*
2. P. Picq, *L'Intelligence artificielle et les chimpanzés du futur*, Odile Jacob, 2019.

de cultures, d'handicaps, d'âges... et les transformations des sociétés sous l'impulsion de leurs innovations technologiques sont des questions d'anthropologie.

Cet essai s'organise en quatre parties. Le premier chapitre retrace une brève histoire non pas du travail, mais de l'évolution du travail et des moyens de production et de leur impact sur la vie des personnes, autrement dit entre leur lieu de résidence, leur lieu de travail et leurs déplacements. Jusqu'à la fin de l'Ancien Régime, la majorité des personnes travaillent chez elles, organisant leurs activités, mêmes proto-industrielles comme pour le textile ou l'horlogerie. Changement de régime avec la révolution industrielle. De la fin du XVIIIe siècle à la fin du XXe siècle, ce qu'on appelle *le premier âge des machines*, avec une concentration croissante des moyens de production, d'abord dans les manufactures, les usines et les mines, provoque des exodes ruraux puis l'invention de nouvelles configurations urbaines. Les moyens de transport et les villes, l'aménagement des territoires et l'urbanisme y répondent, toujours difficilement, hier comme aujourd'hui[1]. Ils ont constamment, pourrait-on dire, un métro de retard. Au cours de ces deux siècles s'impose progressivement pour une part toujours croissante de la population active une séparation stricte entre la vie privée et la vie professionnelle. Les générations actuelles de la population active n'ont connu que ce type de vie avec, là aussi pour la majorité, des lieux de résidence de plus en plus éloignés des lieux de travail ; la

1. P. Picq, D. Lafay, *S'adapter ou périr. op..cit.* et *S'adapter ou périr. La Ville doit choisir*, Dossier Rêvons la Ville, *La Tribune*, 16 février 2021.

trilogie métro-boulot-dodo avec des temps de transport devenus de plus en plus longs et stressants, quels que soient ces moyens de transport. Puis arrive le confinement et le travail à domicile. Par-delà la règle empirique qui fait que l'histoire pas plus que l'évolution ne reviennent en arrière, nos sociétés vont changer avec les nouvelles formes de travail et ses conséquences à peine esquissées sur la vie privée, les transports, la ville et à l'échelle mondiale. Ni plus ni moins qu'une nouvelle phase de l'évolution de l'humanité, comme ça a toujours été le cas avec le déploiement de nouvelles technologies généralisées, le feu il y a deux millions d'années, aujourd'hui le numérique. Nouvelle phase avec d'immenses défis au niveau mondial car ça se passe partout dans le monde avec un enjeu anthropologique majeur entre nos origines communes, le déploiement des diversités humaines au cours de notre évolution et l'amorce d'un destin commun à l'échelle planétaire riche de ses diversités[1]. Mais si le travail à distance favorise les rencontres et les collaborations avec des compétences distribuées dans le monde, il n'en reste pas moins que la majorité des métiers imposent des contraintes présentielles et des contacts entre humains.

Le deuxième chapitre dresse un bilan de l'expérience du télétravail massif dans le monde pendant la pandémie (qui n'est pas terminée). Avant cette crise, le télétravail paraît plus ou moins développé, davantage dans les pays avec des économies avancées que dans ceux dits encore émergents. Parmi les premiers, le taux de télétravail dépend

1. P. Picq, *De Darwin à Lévi-Strauss : l'homme et la diversité en danger*, Odile Jacob, 2013 et *Sapiens face à Sapiens*, Flammarion, 2019.

plus de facteurs anthropologiques que du type d'économie avec, par exemple, des secteurs très numérisés comme la finance ou les assurances. Plus largement, le taux de travail à distance restait assez marginal et la pensée dominante était que cela correspondait plus à des arrangements comme pour le travail partiel, mais sans changer l'organisation du travail, si ce n'est à la marge. La leçon de cette expérience, non préparée, est tout autre. Il s'avère qu'un certain nombre de tâches pouvant être effectuées à distance est beaucoup plus important qu'on ne l'admettait, sans perte de productivité et parfois même avec gains. Maintenant que les avantages et les inconvénients sont assez bien identifiés, comment vont s'organiser les tâches pour les personnes et pour les entreprises ? Une remise en question considérable pour les employés, leurs compétences, leur formation et leurs droits et, du côté des entreprises, pour les réglementations, leur organisation, le management à distance des personnes et des équipes et, plus largement, les ressources humaines ?

La brutalité de l'expérience encore en cours ne doit pas faire oublier que de nombreuses transformations du travail, des entreprises et des sociétés étaient déjà en cours. Nous sommes dans ce qu'on appelle dans l'évolution une *ponctuation.* L'évolution n'est pas un long fleuve qui prend son temps. Elle procède avec des périodes de relative stabilité ou de changements progressifs entrecoupées de phases de changements rapides : les ponctuations, ou crises. Le troisième chapitre replace les bouleversements actuels dans une perspective évolutionniste. Dans une période de crise, la sélection naturelle sélectionne. Pardon pour cette tautologie, pourtant nécessaire tellement l'idée dominante est celle de la loi du plus fort et de l'élimination des autres. Plus encore, elle ne crée rien, elle sélectionne ! Il faut donc analyser les changements actuels au regard de ce qui se faisait en termes de travail à distance avant la pandémie, sélectionner les bonnes pratiques, réduire si ce n'est éliminer les pratiques obsolètes et certainement en inventer d'autres. Une nouvelle écologie du travail et des tâches va se mettre en place, à la fois plus diversifiée et plus cohérente, entre les contraintes de la domination du présentiel et celles du tout à distance. Ces transformations doivent s'inscrire dans les tendances déjà engagées des entreprises dans leur numérisation, leur automation, leurs problématiques sociales et environnementales dans une perspective écosystémique ; pas moins. C'est l'objet de la quatrième partie. Cela n'ira pas sans conséquences sur nos sociétés avec des évolutions très différentes entre les secteurs professionnels et l'accentuation et l'émergence de nouvelles inégalités. En fait, nous allons connaître un changement de civilisation à l'échelle mondiale, voire une révolution anthropologique possible comme esquissé dans la conclusion.

Et les chimpanzés dans tout ça ? Nous devrons nous inspirer de leurs organisations sociales de type fusion/fission tout en maintenant la cohésion de leurs communautés sociales. Et aussi comme les singes capucins nous montrent comment nous, les humains, développons tout comme eux des aversions face au changement si nous sommes incapables de percevoir les enjeux de nos choix en termes de pertes ou de gains, notamment au regard des processus en cours de destruction créatrice théorisés par Joseph Schumpeter. Depuis quelques décennies, les chercheurs en économie comportementale et expérimentale, à l'instar de Daniel Kahneman, inspirent des études en psychologie comparée avec nos frères et nos cousins d'évolution. C'est pourquoi chaque chapitre s'ouvre par un préambule anthropologique décrivant les comportements fondamentaux partagés avec les singes et les grands singes et impliqués dans nos capacités d'adaptation. Ils soulignent les mécanismes cognitifs aussi fondamentaux qu'universels qui s'appliquent, évidemment, à l'expérience que nous sommes en train de vivre. Nous dirons que c'est humain.

Chapitre 1

De la maison au travail et retour

Des gorilles, des babouins et des virus

Une très brève histoire du travail
de l'âge de pierre au deuxième âge
des machines

Préambule anthropologique : des gorilles, des babouins et des virus

Les gorilles vivent dans des structures de harem polygynes : un mâle et plusieurs femelles. Au Congo, là où vivent les gorilles dits de plaine – un peu plus petits que ceux dits des montagnes rendus célèbres grâce à Dian Fossey et le film *Gorilles dans la brume* – des harems avaient coutume de se rencontrer dans la grande clairière d'Odzala. Les mâles dominants à dos gris se livraient à des parades spectaculaires pour éloigner les autres mâles de leurs femelles tout en espérant attirer une ou des femelles d'autres harems. Beaucoup d'agitation et de frime entre les mâles tandis que les femelles décident de rester dans leur harem ou de le quitter pour un autre mâle qu'elles trouvent plus séduisant et protecteur.

Mais voilà qu'un jour arrive le terrible virus Ebola. Les groupes de gorilles sont décimés aux trois quarts. Ce qui aurait pu devenir une nouvelle expérience sociale avec des sociétés plus élargies, composées de plusieurs harems comme chez les babouins hamadryas ou nombre de sociétés humaines, s'effondre brutalement à cause d'un virus. Depuis, les gorilles survivants et leurs harems recomposés maintiennent leurs distances[1].

1. A. Gautier, « Les gorilles, une société en péril », revue *Découverte*, n° 338, Palais de la Découverte, mai 2006.

Une autre histoire sociale se situe cette fois chez les babouins des savanes, au Kenya. Il y a quelques années, des mâles coalisés faisaient régner leur férule sur les femelles. Chez les babouins, les sociétés s'organisent autour de femelles apparentées, vivant sur le territoire de leur groupe. Quant aux mâles, ils migrent à l'adolescence pour se reproduire dans un autre groupe. Il n'y a donc pas d'inceste. D'une manière générale, les femelles de ces sociétés veillent à faciliter l'entrée de mâles tolérants, ce qu'elles ne réussissent pas systématiquement pour diverses raisons[1]. Dans le cas de nos babouins, des mâles non apparentés ont formé une coalition phallocratique coercitive. Mais un jour, le groupe se précipite sur la décharge d'un hôtel de brousse où avait été jetée de la viande infectée. Les mâles se précipitent, se goinfrent et en privent les femelles. Tous meurent. Depuis, les femelles se montrent beaucoup plus attentives et sélectives sur le caractère des mâles entrants.

Vivre en société présente à la fois des avantages et des inconvénients. Les singes et les grands singes sont des animaux aux mœurs diurnes qui vivent en groupes sociaux importants avec un tissu très riches d'interactions affectives et sociales[2]. L'épouillage, le temps passé à interagir avec les autres – qui épouille qui et comment –, constituent les fondements des organisations sociales. Leur complexité s'associe à un gros cerveau, ce qu'on appelle le « cerveau social », plus développé chez les singes que chez d'autres espèces de mammifères de même taille corporelle et très sociales, comme les canidés (loups), encore plus chez les

1. P. Picq, *Et l'évolution créa la femme*, Odile Jacob, 2020.
2. P. Picq, *Premiers hommes*, Flammarion, 2016.

grands singes et plus encore chez les humains. L'évolution de notre lignée se caractérise par l'accroissement de ces caractéristiques communicatives, sociales et cognitives. Seulement, cette évolution est marquée par l'intervention d'agents pathogènes qui profitent de ces comportements, un sujet de recherche trop négligé jusqu'à présent et devenu, d'un coup, très critique pour les mœurs récentes de nos sociétés en termes de déplacements, de loisirs, de tourisme et, avant tout, pour le travail et les activités économiques[1]. Toutes les conditions étaient réunies depuis une dizaine d'années pour qu'éclate une pandémie[2].

Après la Grande Peste de 1347, le monde paysan est décimé. Moins nombreux, ils obtiennent de meilleures conditions de travail et de rémunération, disposent de plus de terres, avec la disparition du servage et une augmentation de la productivité. La Renaissance se met en place et, au cours des siècles suivants, l'Europe part à la conquête du monde. Est-ce au tour de la Chine et de son projet des routes de la soie ? Est-ce que le coronavirus va avoir des effets comparables sur nos habitudes de travail comme, plus largement, sur nos vies professionnelles et privées, voire sur les villes et les régions et, finalement, la planète Sapiens ?

***

1. J.-P. Capitano, « Social process and disease in nonhuman primates : introduction to the special section », *American Journal of Primatology*, 74 (6), p. 491-496, 2012 ; J. F. A. Traniello, T. C. M. Bakker, « Social behavior and disease : supporting science during the pandemic », *Behavior Ecology and Sociobiology*, 74 (8), p. 99, 2020.
2. *S'adapter ou périr. Covid-19 : faire front, op. cit.*

Une brève histoire du travail, de l'âge de pierre au deuxième âge des machines

Les publications sur l'histoire du travail ne manquent pas. Ce qui suit n'en propose qu'une esquisse, insistant sur plusieurs aspects susceptibles de changer rapidement dans les années de la pandémie et post-pandémiques. Il s'agit : des lieux des moyens de production, de leur concentration ou de leur distribution granulée ; des lieux de résidence et de travail et des déplacements ; de la répartition des tâches domestiques et professionnelles entre les hommes et les femmes, sans oublier les enfants ; des métiers et des activités effectuées par des groupes sociaux ou ethniques, comme pour les immigrants. Comme nous verrons, les métiers, les activités, les tâches et leurs transformations sous-tendent de fortes composantes en termes de genre, de classe sociale et de diversité ethnique et culturelle. Est-ce que les nouvelles formes de travail à distance, et plus précisément à domicile, vont changer ou renforcer les archaïsmes anthropologiques qui marquent encore profondément nos sociétés partout dans le monde ?

Ce chapitre s'organise en deux grandes parties, l'une plus axée sur les activités des femmes et des hommes ; l'autre sur les questions de diversité entre les peuples et les nations. Car disons-le d'emblée, et contrairement à l'évolution que nous avons connue au cours des derniers siècles, la révolution numérique bouscule toutes les hiérarchies et les discriminations encore si courantes dans toutes les régions du monde, et entre ces régions. L'esquisse – et nous le saurons rapidement – d'une révolution anthropologique à l'échelle mondiale ?

Du Paléolithique à la révolution industrielle

Économies de collecte et de chasse

Au moment où s'affirme la révolution industrielle, Karl Marx développe ses analyses sur le travail, la plus-value et le contrôle des moyens de production, tandis que Friedrich Engels se plonge dans une perspective anthropologique du travail, affirmant que c'est le travail qui a libéré l'homme de sa condition naturelle. On ne peut pas en dire autant des femmes, qu'ils désignent comme la « première classe des opprimées ». Mais depuis quand ? Est-ce que l'idée moderne que nous avons du travail s'applique aux populations avec des économies de chasse et de collecte ?

Chez les peuples nomades dit achrématiques – sans production ni accumulation de richesses –, l'économie de subsistance repose le plus souvent sur une division sexuelle des tâches, les femmes étant plus collectrices et les hommes plus chasseurs. Cependant, l'ethnographie rend compte d'une très grande diversité des contributions par genre pour les collectes et la chasse entre les deux sexes et aussi selon les classes d'âge[1]. D'une manière très générale, les femmes travaillent plus que les hommes pour collecter, parfois chasser, préparer et distribuer la nourriture. Notons que, contrairement à la doxa marxiste, les économies ne déterminent pas complètement les infrastructures

1. H. Goettner-Abendtroth, *Les sociétés matriarcales*, Éditions des femmes. Antoinette Fouque, 2020 ; A. Testart, *Avant l'Histoire. L'évolution des sociétés de Lascaux à Carnac*, Gallimard, 2012 et *Les chasseurs-cueilleurs ou l'origine des inégalités*, Société d'ethnographie (Université Paris X-Nanterre), 1982.

des sociétés. Selon leurs idéologies, les peuples avec des économies de chasse et de collecte peuvent se montrer plus égalitaires ou franchement discriminants envers les femmes[1]. Les organisations des sociétés dépendent des systèmes économiques comme des systèmes de croyances, de modes de représentation du monde – l'idéel – et de leurs idéologies[2]. Quand, dans les entreprises, on parle d'humain et de sens, il s'agit de cela[3].

Dans les années 1970, alors que le travail hors du domicile devient la norme dans les pays développés, l'anthropologue Marshall Sahlins publie *Âge de pierre, âge d'abondance*[4]. Il montre que même dans des conditions environnementales peu favorables, ce qui est bien le cas pour les dernières ethnies dites traditionnelles, les femmes consacrent à peine quatre heures par jour à la collecte, la chasse, la préparation des nourritures, les soins aux enfants, la construction et l'entretien des habitats ou à la confection d'outils, d'objets et d'artisanat. Évidemment, et toujours en moyenne, les hommes travaillent une heure de moins : chasse, collecte, confection d'outils, d'armes et artisanat. Remarquons que toute activité décrite comme du travail nécessaire à leurs économies de subsistance correspondent, dans nos sociétés modernes, à des activités de loisirs (et pas accessibles à toutes et à tous).

---

1. Pour toute cette partie, se reporter à P. Picq, *Et l'évolution créa la femme*, *op. cit.*
2. M. Godelier, *Au fondement des sociétés humaines*, Albin Michel, 2007.
3. *Harvard Business Review*, « Guide de la culture d'entreprise », juin-juillet 2018.
4. Marshall Sahlins, *Âge de pierre, âge d'abondance : L'économie des sociétés primitives*, Gallimard, 1976.

Cet essai eut un profond retentissement, bousculant les grands schémas progressistes de droite comme de gauche hérités du XIXe siècle. Par-delà ces controverses, les sociétés humaines se distinguent des sociétés animales par des activités de subsistance nécessitant des outils, des répartitions des tâches et des échanges. (Elles restent très embryonnaires chez les chimpanzés, omnivores comme nous, utilisant des dizaines d'outils différents et sachant construire des nids complexes dans les arbres.) À cela s'ajoutent des activités artistiques : parures, bijoux, vêtements, coiffes, cosmétique, objets manufacturés, peintures, sculptures… Il n'y a pas de distinction entre les lieux de résidence et les lieux d'activité. Ce sont des sociétés de fusion et de fission : les unes et les uns se séparent en sous-groupes ou individuellement pour collecter ou chasser et se retrouvent pour échanger, partager les repas et entretenir leurs relations sociales et culturelles. Fondamentalement, toutes les sociétés humaines sont des sociétés de fusion/fission. Une fois que les principales ressources sont épuisées, comme au fil des saisons, les groupes se déplacent, installant leurs résidences au milieu de ressources produites par l'environnement ; du nomadisme périodique. *Le domicile va là où il y a production naturelle de ressources.*

Ce sont là les sociétés traditionnelles les plus simples, comme les Bushman San du Kalahari ou les Aborigènes du bush australien, pour les plus connues du grand public. Cependant, il existe une grande diversité de sociétés de chasse et de collecte, certaines beaucoup plus complexes avec production et accumulation de richesses. Parmi les plus représentatives, les pas si anciennes sociétés amérindiennes du nord-ouest d'Amérique du Nord ou celles de la fin du Paléolithique, comme du temps de Lascaux (17 000 av. J.-C.). Au cours de la période suivante, le Mésolithique (12 000-8 000 av. J.-C.), certaines développèrent de grandes civilisations comme au Proche-Orient et ailleurs, donc avant les inventions des agricultures[1].

Ce sont des sociétés hiérarchisées, le plus souvent marquées par une division sexuelle des tâches et avec des classes sociales. Elles pratiquent la guerre, les razzias et l'esclavagisme. Les formes d'artisanats y sont plus diversifiées. Leurs économies bénéficient de conditions écologiques favorables permettant des collectes saisonnières de ressources végétales ou animales, poisson ou viande, ainsi que des moyens techniques pour les conserver et les stocker. Des sociétés avec globalement plus de travail, plus de richesses, plus d'inégalités et l'exploitation de la force de travail d'enfants, de femmes et d'hommes. Il en est ainsi de l'évolution des sociétés humaines du Paléolithique supérieur à l'ère du numérique[2].

Les lieux de résidence deviennent sédentaires. Les activités de subsistance se font sur les lieux d'habitation et alentour. S'il y a plus d'activités spécialisées – hormis les individus des clans dominants qui vivent des obligations faites aux autres de subvenir à leurs besoins et

---

1. Pour plus de détails sur les différents types de sociétés de chasses et de collecte, voir A. Testart, *Avant l'histoire. op. cit.* et P. Picq, *Et l'évolution créa la femme, op. cit.*

2. W. Scheidel, *Une histoire des inégalités : de l'âge de pierre au XXIe siècle*, Actes Sud, 2020.

leurs exigences –, les enfants, les femmes et les hommes pratiquent toujours des activités de subsistance gravitant autour du lieu de résidence. Ces derniers se lancent dans des expéditions plus lointaines pour la chasse, la guerre et les échanges. Au cours de cette période s'instaure une hiérarchisation très marquée entre les activités des femmes, infériorisées, et celles des hommes, très valorisées. Une classification discriminatoire qui n'en reflète pas les contributions respectives des unes et des autres à l'économie de subsistance.

(Les lecteurs modernes peuvent s'étonner de l'évocation du travail des enfants, mais cela fait peu de temps qu'il est régulé dans les pays les plus développés et pas encore, comme on le sait, dans tant de régions du monde.)

Sociétés de production végétale et d'élevage partiel

Plus encore que pour les sociétés avec des économies de collecte et de chasse sont diverses les sociétés avec des économies incluant des productions de nourriture végétale et animale. On distingue les sociétés horticoles et les sociétés agricoles.

Les sociétés horticoles cultivent des plantes nourricières dans des jardins. Certaines sont sédentaires, d'autres se déplacent régulièrement au fil des saisons. Sans entrer dans les détails, elles pratiquent les brûlis – le plus souvent effectués par les hommes – et l'essartage – plus souvent par les femmes et les enfants. On favorise ainsi la pousse différentielle des plantes désirées qui, en attendant la prochaine installation saisonnière au même endroit, se seront développées entre temps. Il y a souvent quelques animaux domestiques – poules, cochons… – tandis que la chasse et la collecte composent toujours une part substantielle de l'alimentation. Nombre de ces sociétés accusent une forte division sexuelle des tâches avec une domination masculine très coercitive. Les tâches et le travail des femmes se trouvent infériorisées tandis que la chasse jouit d'un grand prestige ; ce qui est inversement proportionnel aux contributions de chacun à l'économie du groupe. Les hommes contrôlent les moyens de production des femmes, comme les bâtons à fouir. Le travail des femmes s'accroît à la fois en absolu et relativement par rapport à la contribution des hommes. Il se concentre plus dans et à proximité du lieu d'habitation. Dans tous les cas, il y a une forte séparation sexuelle des tâches, les femmes s'activant dans le village ou à proximité, les hommes s'adonnant à des activités plus centrifuges.

Ces tendances s'affirment dans les sociétés agricoles qui se caractérisent par des villages sédentaires avec des cultures dans des champs, chaque champ avec une seule variété de plante, comme pour le blé, le riz et autres céréales. Il y a aussi des jardins avec une diversité de plantes nourricières, aromatiques, médicinales… Les activités de subsistance – et donc le travail des femmes – s'intensifient avec ce qu'on finira par appeler les tâches domestiques comme il y a des animaux domestiques. Les enfants travaillent aussi dans diverses activités de collecte, de gardiennage d'animaux ou encore de protection des jardins et des champs des prédations des animaux sauvages (oiseaux, « nuisibles », herbivores…).

L'expansion des sociétés agricoles au cours du Néolithique se caractérise par une intensification des tâches domestiques, surtout pour les femmes dont les travaux autour de la préparation des nourritures, comme le meulage et autres, laisse des marques de traumatismes musculo-squelettiques. La division sexuelle des tâches s'accentue, une tendance plus anthropologique que dictée par les systèmes économiques qui s'affirment au Mésolithique et se développent au Néolithique. C'est ce qu'on observe dans les sociétés du Proche-Orient et d'Europe avec des organisations patriarcales. Ailleurs dans le monde, des sociétés horticoles et agricoles ont adopté des organisations plus « matriarcales », ou tout au moins matrilocales, matrilinéaires et avec des femmes disposant de pouvoirs économique, politique et sacré. Mais quel que soit le type de société, les femmes travaillent plus, sont plus impliquées dans les tâches de subsistance, domestiques et éducatives tandis que les hommes s'occupent plus de chasse et des relations extérieures comme les échanges et la guerre[1].

Pour résumer, depuis 10 000 ans, les sociétés humaines adoptent des économies de production qui conduisent à des organisations sociales avec une séparation sexuelle des tâches de plus en plus marquée, avec tout un arsenal idéologique et coercitif justifiant ces organisations genrées[2]. Les femmes concentrent leurs activités autour des lieux de résidence, l'économie de subsistance s'appuyant avant tout sur une économie domestique toujours plus importante, que ce soit dans des sociétés plus patriarcales ou plus matriarcales. Les productions horticole et agricole

---

1. P. Picq, *Et l'évolution créa la femme*, *op. cit.*
2. *Idem.*

de nourritures végétales entraînent une augmentation et une intensification des tâches : travail dans les jardins et les champs, collectes et récoltes, traitement, conservation et cuisson… À cela s'ajoute une « révolution démographique » avec des femmes se mariant de plus en plus jeunes, enchaînant les grossesses et mourant plus jeunes. À l'injonction « croissez et multipliez » s'ajoute « travaillez plus ».

Du côté des hommes, on note une tendance à maintenir les activités de chasse et de guerre, de plus en plus valorisées, honorifiques, alors que les activités des femmes se trouvent socialement dévalorisées. Cependant, au fil des millénaires de la « révolution néolithique », les activités de collecte et de chasse contribuent de moins en moins à l'économie de subsistance, les hommes augmentant leurs activités extérieures de guerres et d'échanges.

L'idéologie de la domination masculine accentue le contrôle de la sexualité et de la fécondité des femmes – moyens de reproduction – comme des moyens de production. Les hommes s'attribuent le monopole de fabrication et d'attribution des objets techniques nécessaires au travail des femmes. Depuis plusieurs dizaines de millénaires, les hommes consolident leur domination sur les femmes, mais aussi sur les autres sociétés, par le développement de nouveaux moyens techniques.

Les âges des métaux succèdent au long Néolithique avec l'apparition des civilisations. On entre dans l'histoire avec l'émergence des cités-États, puis des empires. Puis arrive l'*âge axial* avec, partout où apparaissent les grandes civilisations, les fondements culturels, sociétaux, philosophiques, religieux et politiques qui constituent le socle de nos sociétés[1]. Apparaissent les trois ordres des paysans, des guerriers et des prêtres qui perdureront jusqu'à la fin de l'Ancien Régime avant que s'affirment les métiers des classes bourgeoises et la révolution industrielle.

Villes, campagnes et civilisations

L'organisation du travail dans le monde paysan conserve les fondements de la division sexuelle des tâches. Cependant, de nouvelles activités artisanales et proto-industrielles apparaissent dans les fermes avec le textile, les métiers à tisser ou les activités mécaniques et horlogères, par exemple. Certaines de ces activités complémentaires effectuées à domicile se répartissent entre les femmes et les hommes, notamment pour le textile, moins pour la mécanique. Encore de nos jours, les métiers plus de femmes ou d'hommes correspondent à ces organisations dont les fondements anthropologiques remontent à des milliers d'années. Dans son essai *L'amazone et la cuisinière*[2], Alain Testart offre une analyse précise de la répartition sexuelle de ces activités qui se prolongent dans nos sociétés industrielles et encore jusqu'à aujourd'hui ; une sexuation des tâches qui repose sur les matières et les gestes.

---

1. P. Picq, *Sapiens face à Sapiens*, *op. cit.*
2. A. Testart, *L'amazone et la cuisinière : Anthropologie de la division sexuelle du travail*, Gallimard, 2014.

Répartition sexuelle des activités dans les sociétés humaines[1]

Métiers	féminins	masculins
Lieux	Domicile et alentour	Loin du domicile
Activités de subsistance	Collecte, cuisine Préparation des végétaux	Chasse, pêche Construction de bateaux, maisons
Matières	Molles, fibreuses Textile, vannerie	Dures, cassantes Cuir, métal, bois
Gestes	Posés, frottés Percer sans élan	Lancés, percutants Transpercer avec élan

Toutes ces activités se font à domicile, avec des espaces dédiés ou encore dans les pièces communes, dans la journée ou pendant la veillée. Il en va de même pour toutes les formes d'artisanat et de commerce ou les métiers des clercs, de plus en plus nombreuses. On parle de la maison du boulanger, du boucher, du joaillier, du notaire, de la mercière, les bâtiments des négociants et leurs entrepôts... L'architecture de nos centres-villes encore préservés de nos vieilles cités en témoignent, comme ces grandes pièces dans les derniers étages avec de grandes baies vitrées pour les ateliers laissant pénétrer la lumière ou encore les belles et grandes maisons aux toitures si particulières des tanneurs du quartier de « la petite France » à Strasbourg[2].

Le développement des villes et des États exige le développement des métiers des clercs. L'écriture, les actes écrits,

1. Pour plus de détails, voir Annexe I in Testart, *op. cit.*

2. « Factories and Families », *The Economist* 237 (9225), décembre 2020 ; www.theworkhome.com/history-workhome.

mais aussi les métiers de la connaissance – comme dans les universités –, requièrent de nouvelles compétences. Comme toutes les activités émergentes avec leurs techniques et leurs savoirs, ce sont les hommes qui les occupent. Les catégories sociales liées aux écritures développent leurs privilèges, leurs corporatismes et aussi leur misogynie. Ces métiers, dont les professions dites libérales, ne se sont ouverts que très récemment aux femmes. Ils manifestent encore des réflexes corporatistes qui entravent un accès social plus ouvert[1].

Les journées alignent des plages horaires avec des périodes alternées de travail et d'autres d'ordre domestique. Jusqu'au XIXe siècle, les « officiers royaux » ont des emplois du temps fractionnés, travaillant le matin et le soir, le milieu de journée se passant au domicile avec les activités domestiques (jardin, corvées de bois, approvisionnement, travaux divers…). La nature, les saisons et les productions horticole et agricole marquent encore le quotidien des travailleurs. Nos vacances scolaires d'été correspondent aux temps des récoltes. Il en va évidemment très différemment pour les services de police, les militaires et les nobles.

De profonds changements apparaissent au XIXe siècle avec l'accroissement du travail posté, que ce soit dans les usines, les mines ou les bureaux (les « ronds de cuir »). Les mineurs, les ouvriers et ceux qu'on appelle désormais les fonctionnaires deviennent des classes sociales de plus en plus importantes. C'est l'invention des journées continues, de la séparation de la vie privée et de la vie professionnelle,

1. Y. Ripa, *Histoire féminine de la France*, Belin, 2020.

comme du domicile et du lieu de travail avec ses moyens de production. C'est aussi l'invention du salariat et du contrat de travail. Il en va de même pour les métiers de la bourgeoisie (négociants, banquiers, patrons d'entreprises...). Seuls les métiers « anciens » maintiennent la cohésion domicile/lieu de travail et des horaires intercalés entre activités domestiques et professionnelles comme chez les agriculteurs, les artisans, les commerçants et une partie des clercs.

Les corporations établissent des règles qui interdisent aux femmes l'accès à certains métiers, auxquelles s'ajoutent des interdictions royales, régionales, coutumières, etc. Donc, les activités professionnelles des hommes se font à domicile, à côté de leurs femmes, mais celles-ci ne peuvent revendiquer le droit d'exercer une partie des tâches professionnelles et, si c'est le cas, ne sont pas reconnues. Cela fait peu de temps, depuis le dernier tiers du XXe siècle uniquement, que les femmes associées aux « métiers anciens » jouissent d'une reconnaissance administrative et sociale. Ce fond anthropologique hérité de la division sexuelle des tâches est d'une telle inertie qu'il traverse toutes les révolutions politiques et sociales. Est-ce que cela changera avec le télétravail ?

LA RÉVOLUTION INDUSTRIELLE

L'invention de nouvelles machines et de nouveaux moyens de production commence dans les maisons avec le textile et l'horlogerie, par exemple. Après quelques siècles de *proto-industrialisation* diffuse à domicile se met en place la concentration des moyens de production avec des machines mues par des énergies autres que naturelles (humains, animaux, eau ou vent). Ça commence avec les machines à vapeur et, en moins d'un siècle, la vie des personnes change radicalement.

Dans un premier temps, des métiers à tisser et des machines fournies par des donneurs d'ordres procurent les matières premières à traiter ou les pièces à assembler. Tant que toutes ces activités ne requièrent que de l'énergie et des gestes humains, tout se fait dans les maisons. Tout change avec des machines mues par la vapeur, qui nécessitent de forts investissements et une concentration de moyens. À cela s'ajoutent la volonté de contrôler toutes les chaînes de production, la qualité, la productivité, les gestes techniques… Apparition des métiers d'ingénieurs, de techniciens puis d'encadrement et de management. Une inversion complète des lieux de travail qui, de centrifuges ou géographiquement dispersés, deviennent centripètes avec concentration des moyens de production. Le travail passe des maisons aux usines et aux manufactures (et aux mines). Le travail ne vient plus dans les maisons, ce sont les personnes qui vont désormais au travail, ce qui va provoquer de profonds changements de l'urbanisme et des moyens de déplacement avec les faubourgs, les cités ouvrières et, dans la deuxième moitié du XXe siècle, l'invention de banlieues et des moyens de transport. L'accroissement séculaire des temps de transport dits pendulaires pèse de plus en plus sur la santé, les heures de vie privée des personnes, leurs finances, jusqu'à devenir de moins en moins acceptable[1].

---

1. I. Gadely, *Rush hours : how 500 million commuters survive the daily journey to work*, Head of Zeus, 2015.

Ces transformations des moyens de production concernent dans un premier temps le textile, avec des machines de plus en plus complexes, comme la célèbre « Jenny » en Angleterre et, un peu plus tard, les métiers à tisser Jacquard. Mais un profond bouleversement émerge puissamment avec le développement des machines à vapeur, ce qui entraîne de grands conflits avec les luddistes à la fin du XVIIIe siècle en Angleterre et les canuts un peu plus tard en France. Cette rupture marque la fin des activités « industrielles » à domicile. En revanche, l'évolution se fait plus lentement et sans heurts dans d'autres secteurs comme l'horlogerie, avec des régions qui deviendront de grands centres d'innovation industrielle.

À côté de ces activités qui passent du domicile aux manufactures se développent celles associées aux machines à vapeur comme la sidérurgie, les mines, les transports, les hauts fourneaux… avec l'exode rural. Cependant, ces nouvelles organisations sociales autour du travail et des machines à vapeur ne commencent pas avec la sidérurgie, mais avec ce qui devient la poterie industrielle dans le nord-ouest de l'Angleterre à la fin du XVIIIe siècle. Un groupe de personnages animés de l'esprit des Lumières et du progrès technique et social, la Société lunaire (*Lunar Society*), invente tout simplement ce qui deviendra la société industrielle, qui commence avec les célèbres faïences de la manufacture Wedgwood et les machines à vapeur mises au point par James Watt et Matthew Bolton, un des tous premiers entrepreneurs industriels modernes[1]. Pour attirer et conserver leurs ouvriers, ils édifient les

1. *Un paléoanthropologue dans l'entreprise*, *op. cit.*

premiers quartiers ouvriers. Un siècle plus tard, les cités ouvrières et autres corons changeront les espaces urbains, sans oublier les jardins ouvriers.

Ces transformations s'inscrivent aussi dans des conceptions utopiques plus anciennes de l'âge dit moderne. Il ne s'agit plus des villes et de leurs quartiers organisés autour de différentes corporations – bouchers, tanneurs, joailliers, banques... – où les activités se font dans les maisons, mais les inventions de cités organisées autour du travail, comme les phalanstères. Ce n'est plus le travail ou de nouvelles activités industrieuses qui se développent dans des espaces privés déjà existants, mais la volonté d'inventer de nouvelles organisations sociales autour du travail. Comme toutes ces utopies, ces expériences se terminent dramatiquement, des salines royales d'Arc-et-Senans à la fin de l'Ancien Régime aux kolkhozes soviétiques. De tels bouleversements se réalisent sous la révolution industrielle avec un habitat construit autour des grands lieux de production et dédiés à la vie privée ; une inversion complète de ce qui avait prévalu jusque-là. Le courant dominant de l'architecture et de l'urbanisme fonctionnel accompagne cette évolution jusqu'aux cités radieuses de Le Corbusier.

Ces évolutions économiques considérables ne bousculent cependant pas un fond anthropologique caractérisé par une séparation séculaire des tâches entre les femmes et les hommes, sans oublier les enfants, et sur fond d'exode rural. Car quelles que soient les transformations et les révolutions sociétales, le socle anthropologique des relations de domination entre les sexes persiste, voire se renforce. Le XIXe siècle se distingue comme l'une des périodes les plus discriminantes et coercitives qui soit envers les femmes, ce qui ne manque pas de se répercuter sur le monde du travail[1].

Avec l'exode rural, les femmes et les enfants se retrouvent aussi dans les mines, les usines et les manufactures, le plus souvent dans des conditions de travail, d'hygiène et de santé effroyables. Les femmes ont des horaires aussi exigeants que ceux des hommes en étant moins rémunérées, tout en continuant à s'occuper des enfants et des tâches domestiques (cuisine, linge, ménage, soins...). S'engagent de grandes luttes sociales pour les conditions de travail et les droits des travailleurs avec ce qui devient la lutte des classes. Mais les femmes n'en bénéficieront pas, ou très indirectement, malgré tous leurs espoirs et les engagements de femmes militantes comme il y a 150 ans pendant la Commune. La lutte des classes passe avant les inégalités de genre[2]. Si les femmes sortent de la sphère domestique pour aller travailler, rien ne change quant aux obligations séculaires pour les tâches domestiques et éducatives ; double journée et doublement de la peine.

La majorité des organisations syndicales, comme l'organisation internationale du travail, s'opposent au travail des femmes dans les usines. Selon la doctrine de Proudhon et d'autres, leur place est à la maison à s'occuper des enfants, des tâches domestiques et entretenir un foyer accueillant et reposant pour leurs travailleurs de maris. Cette doctrine sexiste affirme que les femmes occupent

1. P. Picq, *La mal-mesure de la femme*, en préparation, Odile Jacob, 2021.
2. Y. Ripa, *Histoire féminine de la France, op. cit.*

des postes pour les hommes, surtout en période de crise, et en plus avec des salaires plus bas, entravant les revendications pour des salaires plus décents. Cette attitude tout aussi anthropologique que nourrie d'un antagonisme sexuel séculaire persiste jusqu'à nos jours, surtout dans les « métiers d'hommes » autour des machines, notamment dans les transports et les conduites d'engins. (Nous verrons que ces métiers vont être profondément impactés par les machines numériques, les robots, les *cobots*, l'intelligence artificielle...).

À la suite du Code Napoléon, les femmes se trouvent infantilisées par rapport au père ou au mari. Elles ne peuvent pas travailler sans l'autorisation du mari et, si c'est le cas, ne touchent pas directement les rémunérations. Pour s'en sortir et faire vivre leurs foyers, elles continuent de trouver quelques subsides autour des tâches domestiques, d'échanges, de services, ménages... Les activités autour du textile leur incombent également : confection, couture, lavage... C'est dans ce contexte qu'apparaissent, à la fin du XIXe siècle, les machines à coudre. Elles entrent dans les maisons. Les femmes se lancent dans l'aventure et déchantent très vite tant le travail exigé est dur et les rémunérations très insuffisantes. Pour pouvoir respecter leurs engagements, elles réduisent le temps dédié aux tâches domestiques et ont recourt à des posologies pour limiter les activités des enfants, comme des potions à base d'opium. Elles sont les grandes perdantes de la révolution industrielle comme elles l'ont été de la révolution néolithique[1].

1. *Et l'évolution créa la femme* et *La mal-mesure de la femme, op. cit.*

LE XXe SIÈCLE : UNE LONGUE ET LENTE ÉVOLUTION

La tragédie de la Première Guerre mondiale a eu trois conséquences pour le travail : une méfiance envers le pouvoir destructeur des machines, la fin du modèle militaro-machiste de l'homme hérité de Napoléon et la mobilisation des femmes dans les usines, les hommes étant au front, où elles ont fait la preuve de leurs compétences comme forces actives. À cela s'ajoute depuis le début du XXe siècle le développement des métiers de bureau, plus investis par les femmes disposant de plus de compétences. Il y a là aussi une dimension anthropologique : les hommes dans les métiers durs avec les conduites des machines, les femmes confinées dans des tâches statiques. L'atelier et le transport sont masculins, le bureau est féminin.

Cette dichotomie est un marqueur profond de la division anthropologique et sexuelle des métiers jusque dans les années 1980. Beaucoup de jeunes femmes apprenaient à jouer du piano. Alors quand sont arrivées les machines à écrire, d'un clavier à l'autre, taper sur des touches en étant assises leur échoit « naturellement ». Cela aura de profondes répercussions sur l'évolution de l'imprimerie avec les tâches des femmes et celles des hommes. Plus encore, puisque taper sur un clavier fait « secrétaire », les cadres des années 1980, majoritairement masculins, rechigneront à adopter les ordinateurs.

La saignée de la Première Guerre mondiale accentue la politique nataliste engagée après la défaite de 1870 et qui se prolonge jusqu'aux Trente Glorieuses. On renvoie les femmes dans leurs foyers tout en développant l'image de la mère protectrice, dévouée à l'épanouissement de ses enfants, non sans culpabiliser les mauvaises mères qui travaillent alors qu'elles devraient être épanouies grâce aux arts ménagers. Mais toutes ne suivent pas ces injonctions, d'autant que les métiers du secteur tertiaire ne cessent de prendre de l'importance. Les hommes, quant à eux, accompagnent la diversification et l'essor des métiers avec les machines dans les usines et les transports. Il en va de même avec la mécanisation de l'agriculture.

Ces dichotomies anthropologiques se retrouvent dans l'espace domestique. Les femmes voient leur labeur s'alléger grâce à des machines inventées par des hommes pour le lavage, le repassage, la cuisine... Les hommes se chargent des machines pour les activités extérieures, comme les tondeuses, le barbecue et, surtout, la voiture. Les tâches de la vie privée comme les activités professionnelles reproduisent les mêmes schémas sexués.

Les Trente Glorieuses représentent l'apothéose de ces archaïsmes anthropologiques dont les fondements remontent à la préhistoire, rien de moins. Dans *L'amazone et la cuisinière*[1], l'anthropologue Alain Testart décrit en détail les répartitions sexuées des tâches dans plusieurs centaines d'ethnies puis, dans un deuxième temps, souligne combien ces différences universelles se retrouvent dans les métiers de nos sociétés industrielles dites modernes. Si la modernité s'appuie sur des concepts économiques, philosophiques et politiques, il n'en est rien d'un point de vue anthropologique. Jusqu'à présent, les révolutions technologiques et économiques n'ont toujours pas ébranlé la

1. *Op. cit.*

séparation sexuelle des tâches, ce qui n'a rien d'étonnant puisque les hommes accaparent les outils et les techniques. C'est leur domaine privilégié, hier par esprit de domination et en imposant des interdits aux femmes, aujourd'hui plus par appétence technophile que par volonté de domination masculine, mais avec les mêmes conséquences.

Si l'école obligatoire n'a pas été motivée par les terribles conditions de vie des femmes, nul doute qu'elle a largement contribué à les soulager. L'instruction publique va jouer un rôle considérable avec l'apparition de nouveaux métiers, en donnant à de plus en plus de femmes l'accès à des métiers réservés aux hommes et hors du domicile. Mais cela va prendre un siècle, non sans que se maintiennent, comme on va le voir, les archaïsmes de la discrimination masculine. Il n'en reste pas moins que les activités puis les métiers des sociétés pré- ou non industrielles s'inscrivent dans des tendances multiséculaires qui se différencient par les lieux d'exercice, les gestes et les matières. Le tableau ci-après décrit les grandes caractéristiques de répartition des activités des femmes et des hommes dans la majorité des pays européens actuels. On y retrouve les séparations anthropologiques qui remontent à la préhistoire[1].

Les choses changent à partir des années 1970, tout en conservant ces grandes caractéristiques. Aux tendances séculaires que l'on vient d'évoquer, s'en ajoutent d'autres avec l'accès des femmes aux études supérieures et, aussi, des enfants des classes moins favorisées. Les femmes s'investissent plus dans les métiers auprès des personnes

1. *L'amazone et la cuisinière*, *op. cit.*

dans tous les domaines : médical, juridique, sanitaire, assistance, enseignement, magistrature, métiers du droit… et les sciences vétérinaire et biomédicale. D'un côté, les niveaux de compétences augmentent, mais de l'autre, ces métiers se trouvent dévalorisés, non par leur importance économique et sociale, mais à cause des rémunérations qui subissent une baisse relative considérable par rapport aux métiers d'hommes. Ces tendances se retrouvent dans le tableau qui suit sur les métiers en Europe tels que répertoriés en 2016. Il en va de même dans tous les pays dits développés[1].

Métiers en Europe et pourcentage de femmes et d'hommes qui les pratiquent[2]

Métiers	% Femmes	% Hommes
Soins aux personnes	89	11
Aides et entretien	84	16
Secrétariat – clavier	80	20
Personnel paramédical	78	22
Enseignement	71	29
Professionnel de santé	70	30
Vente	66	43
Services spécialisés	59	41
Professions sociales, culturelles, juridiques	67	43
Attachés aux entreprises et aux administrations	66	44
Équipements d'enregistrement numérique	54	46

1. « The Future of Women at Work », McKinsey Global Institute, 4 juin 2019.
2. D'après Eurostat 2020.

Métiers	% Femmes	% Hommes
Administration des entreprises	49	61
Maintenance des machines	33	67
Négociation produits agricoles	33	67
Ouvriers des transports, mines, usines, BTP	27	73
Professions des sciences et ingénieurs	36	74
Professions associées aux sciences et ingénierie	17	83
Machines-outils et services	4	96
Conducteurs d'engins	4	96
Métiers du bâtiment (sauf électricité)	3	97

Par ailleurs, les femmes se retrouvent plus nombreuses dans les métiers avec des horaires à temps partiel, parfois même fragmentés. Elles continuent de s'occuper davantage des enfants et des tâches domestiques, même si les inégalités tendent à se réduire chez les jeunes générations et parmi les professions des catégories CSP+, ce qui est logique au vu de ce qui précède car les femmes sont plus diplômées et indépendantes. Elles ne reproduisent pas les schémas de leur mère ou de leur grand-mère. De même pour les hommes peu enclins à reproduire le schéma « virilo-masculin » de leur père ou de leur grand-père[1].

Néanmoins, cette réalité anthropologique persiste. Elle se traduit par une plus forte présence dans les métiers dits dorénavant de premier et de deuxième rangs suite à la crise de la Covid-19. Conséquences, 19 % de femmes en

1. « The papas join the mamas », McKinsey & Company, 22 mars 2021.

plus touchées par le coronavirus que les hommes. Plus encore, dans toutes les professions, les femmes sont plus nombreuses dans les métiers non qualifiés ou, pour les professions dites supérieures, occupent moins de postes de responsables ou de dirigeantes.

Telle était la situation à la fin du XXe siècle et dans les premières années du XXIe siècle, avec des progrès plus que sensibles, mais remis brutalement en cause avec la pandémie. Est-ce que la révolution numérique et le télétravail vont bousculer la persistance des archaïsmes anthropologiques ou les renforcer ? Car si le travail à distance se pratique déjà dans des lieux autres que ceux de l'entreprise, ce qui convient aux hommes habitués à exercer des activités hors du domicile, cela risque d'être très différent pour les femmes à domicile. Je serais tenté de dire que c'est une autre histoire pour les femmes, mais c'est toujours la même.

Plus encore, de nouveaux défis engagent les entreprises et les administrations confrontées par la domination des *milléniaux* qui n'ont pas les mêmes ambitions que leurs aînés, que ce soit en termes de vie professionnelle, de carrière, de relations entre les sexes, sans oublier les questions de genre, les rapports aux diversités ou encore au climat... Est-ce que les profondes transformations qui affectent déjà l'organisation du travail vont, comme cela a été le cas jusqu'à présent, perpétuer les archaïsmes anthropologiques ou, pour la première fois dans l'histoire connue de l'humanité, provoquer une révolution anthropologique au niveau mondial dans les rapports socio-économiques et politiques entre les femmes et les hommes ? Car si depuis à peine quelques décennies, les sociétés dans le monde tendent à l'égalité entre les femmes et les hommes pour l'accès aux études, même supérieures, et aux soins, les écarts restent encore très importants dans le monde économique et social et encore plus dans le monde politique[1].

Des diversités et des métiers

La question des diversités est au cœur de l'anthropologie, une discipline née justement de la découverte des diversités biologiques et culturelles. Les populations humaines possèdent une profonde conscience de leur identité et de leurs différences par rapport aux autres. Un trait anthropologique fondamental souligné par Claude Lévi-Strauss dans *Races et histoire*[2]. Alors que signifient ces différences ?

L'anthropologie sociale et culturelle émerge dans le cadre de la domination de l'Occident sur le monde avec, à la clé, le colonialisme et le racisme scientifique et, en toile de fond, l'idéologie du progrès. Les autres populations se voient assignées des niveaux inférieurs sur l'échelle de l'évolution avec, à son sommet, les populations occidentales ; ce qu'on appelle l'évolutionnisme culturel[3]. Comme s'il n'y avait qu'un chemin possible, ce qui semble se concrétiser à la fin du XXe siècle après la chute du mur de Berlin. Francis Fukuyama affirme que c'est la fin de l'histoire et Jeremy Rifkin la fin du travail.

---

1. World Economical Forum, Global Gender Gap Report, 2020.
2. C. Lévi-Strauss, *Race et Histoire,* Unesco 1952 ; *Race et Culture,* Unesco 1971, Albin Michel, 2020 ; P. Picq, *Nouvelle histoire de l'Homme*, Perrin, 2002 et *De Darwin à Lévi-Strauss. L'Homme et la diversité en danger*, *op. cit.*
3. A. Testart, *Avant l'Histoire*, *op. cit.* ; P. Picq, *Et l'évolution créa la femme*, *op. cit.*

Ce fond progressiste dans la mauvaise acception de ce terme devient un handicap pour une partie des pays occidentaux, et plus particulièrement la vieille Europe et la France. L'aveuglement et l'arrogance font que, par exemple, on perçoit encore mal que la Chine est plus que l'atelier du monde avec une transformation numérique des moyens de production, des services, de l'économie et de la société très en avance. On persiste à regarder ce qui se passe avec fascination et inquiétude du côté des géants du numérique de Californie – les GAFAM et Cie – sans voir les géants chinois du numériques – les BATX. Il est vrai que les uns sont occidentaux, les autres orientaux. Un coronavirus suffira-t-il à changer ce regard obsolète des pays occidentaux et tout particulièrement européens sur les autres régions du monde ? Car si la Covid-19 vient d'une province de Chine, il en va de même pour les entreprises les plus avancées dans le cadre de la transformation numérique.

Notre monde est redevenu horizontal. Non pas que la Terre soit plate, mais nous sommes sortis de cette verticalisation hiérarchique portée par deux siècles de domination du monde par les pays européens et reposant sur les sciences, les techniques et les industries. Une prise de conscience encore difficile malgré deux guerres mondiales et une guerre économique qui intéresse plus les deux rives de l'océan Pacifique, de moins en moins les rives de l'Atlantique, surtout depuis l'administration Donald Trump. On verra ce qu'il en sera avec le président Joe Biden. En attendant, les membres nommés à la tête de son gouvernement expriment clairement les enjeux des diversités pour devenir les leaders du monde en train d'advenir. Un miroir des diversités orienté vers l'avenir que ne reflète pas le miroir sans teint de tous les gouvernements européens réunis comme des instances européennes. L'Union européenne est une formidable réussite au regard de son histoire tourmentée ; il lui reste à évoluer des diversités des nations à la diversité anthropologique des peuples. Depuis plus d'une décennie, les innovations émergent partout dans le monde grâce aux nouveaux objets techniques connectés.

Ce n'est donc pas un hasard si les études internationales les plus récentes insistent sur cette question fondamentale des diversités[1]. Il en ressort que, globalement, les sociétés et les entreprises européennes accusent encore un retard marqué pour l'inclusion des diversités, même si la tendance s'affirme dans le bon sens. Ce que la littérature internationale décrit comme *The cosltly business of discrimination* (« le coût extravagant des discriminations » ; il suffit de taper cette requête sur les moteurs de recherche) s'évalue en millions de milliards de dollars de perte potentielle de richesse au niveau mondial pour notre décennie à peine commencée.

Il faut dire qu'on vient de loin. D'un point de vue anthropologique, et depuis 10 000 ans, les économies agricoles, les grandes civilisations et nos sociétés industrielles s'organisaient autour d'activités attachées à des groupes ethniques. Rien que pour la France et les derniers siècles : les juifs dans l'habillement, les meubles et la banque ;

1. « 2013-2017, ENAR Shadow Report on racism and discrimination in employment in Europe », www.enar-eu.org ; « Diversity wins : how inclusion matters », McKinsey & Company, 19 mai 2020.

les maçons italiens et espagnols ; les employés domestiques portugais et espagnols ; les mineurs polonais ; les populations du Maghreb « importées » comme main-d'œuvre dans nos usines ; les travailleurs africains pour les missions de nettoyage dans nos villes ; les gens du voyage pour les récoltes et les vendanges ; les « petits épiciers » arabes… On a oublié les bonnes bretonnes, les brasseurs de l'Aveyron, les livreurs de vin et de charbon d'Auvergne, les déménageurs savoyards, les maraîchers venus du Morvan… Il en va de même ailleurs dans le monde, comme en Amérique du Nord avec les coolies chinois et la construction des chemins de fer, dans nos colonies avec des populations d'origine asiatique après l'abolition de l'esclavage, de même dans l'Empire britannique pour les Indiens (de l'Inde) en Afrique du Sud… Il ne s'agit pas d'esclavage ou de traite d'esclaves, bien que les pratiques sordides de déplacement de ces populations, poussées par la misère ou incitées fermement, s'en approchent. C'était au siècle dernier et c'est encore présent dans une partie des représentations collectives plus ou moins conscientes.

Conséquence, une partie des enfants et des petits-enfants de ces groupes ethniques et culturels s'est engagée dans des études et, aujourd'hui, compose une part croissante et de plus en plus significatives des emplois et des professions CSP+. Pour s'en convaincre, il suffit de regarder la diversité des dirigeants des plus grandes entreprises mondiales, notamment dans le numérique et les nouvelles technologies, dont beaucoup sont d'origine indienne (Inde), ce qui vaut pour le management. Pour la France, une des rares études à prendre en compte les différences ethniques et culturelles montre combien les filles et les jeunes femmes venant de familles issues de l'immigration réussissent mieux, en moyenne, que les garçons[1]. Plus largement, cette question essentielle de l'incidence des origines ethniques et culturelles sur les études et les métiers reste encore imparfaite en raison des différents types de législation qui encadrent ces sujets dans les différents pays[2]. Maintenant, je ne suis pas un anthropologue naïf. On sait combien les vieux démons se diffusent aisément sur les réseaux et que, là aussi, s'imposent des règles et des bonnes pratiques pour lutter contre les déviances et les discriminations[3].

Je me permets d'évoquer un souvenir personnel. Dans les années 1980, j'effectuais mes recherches en anthropologie à l'université Duke en Caroline du Nord. Quand l'administration de Ronald Reagan dérégule l'économie, les jeunes issus des milieux CSP+ – les WASP (*White Anglo-Saxon Protestant*) –, désertent massivement les départements de sciences pour se diriger vers les métiers de la finance. Arrivent alors tout aussi massivement les étudiantes et des étudiants d'origines chinoises et indiennes (Inde). Trois décennies plus tard, on constate les avancées fulgurantes des économies des grands pays asiatiques – la moitié de la population mondiale – et leur accès aux plus hauts postes de dirigeants dans les plus grandes entreprises occidentales.

Le vieux schéma obsolète et arrogant qui a prévalu pour l'Occident est révolu, tout comme l'économie de facilité

1. C. Beauchemin, C. Hamel, P. Simon, *Trajectoires et origines*, Éditions de l'Ined, 2016.
2. UE Data Collection in the Field of ethnicity, 2017.
3. N. D. Schwartz, « Working from home poses hurdles for employees of color », *New York Times*, 6 septembre 2020.

basée sur le seul avantage comparatif qui a prévalu dans l'euphorie de la mondialisation jusqu'à l'orée du XXIe siècle[1]. Le monde a changé, anthropologiquement et économiquement au XXIe siècle. Les compétences, l'innovation et la compétitivité adoptent une diversité de formes comme jamais dans l'histoire de l'humanité. D'un point de vue évolutionniste, on sort de la verticalisation du monde et, pour la première fois depuis les inventions des agricultures il y a 10 000 ans, toutes les populations humaines baignent dans un même monde économiquement connecté.

Alors, est-ce que les leçons que nos sociétés devraient tirer de la pandémie vont accélérer les processus en cours ou nous faire revenir au monde d'avant avec tous ces travers ? Les entreprises deviennent de plus en plus inclusives, et pas que pour des raisons d'injonctions morales ou réglementaires. Toutes les études dégagent le même constat : les entreprises déjà engagées dans des politiques de diversité et d'innovation accusent un retour sur investissement supérieur aux autres de plus de 30 %. Alors, comme l'évoque la conclusion de l'une de ces études, est-ce que le travail à distance et à domicile va permettre d'atténuer les inégalités et les discriminations[2] ?

---

1. On en a vu les conséquences avec la pandémie pour les masques, les réactifs et les vaccins ; R. Guesnerie et D. Lafay, « En route vers la 3e mondialisation », *La Tribune* Auvergne-Rhône-Alpes, 16 avril 2020 ; P. Ghemawhat, « La globalisation à l'ère Trump », *Harvard Business Review* 26, p. 40-52, avril-mai 2018 ; « Goodbye globalisation », *The Economist,* mai 2020 ; « The winners and the losers. Haw covid-19 is reordering the global economy », Special Report, *The Economist* 427 (9215), 10-16 octobre 2020.
2. McKinsey & Company, « There are early signs the remote work can help level the playing field », 2020 ; B. Hancock B. Schaninger, « The elusive inclusive workplace », McKinsey & Company, mars 2021.

Le travail à distance permet de mettre en relation et de faire collaborer des personnes partout dans le monde. La découverte de ces autres compétences parmi les diversités contribuera à éradiquer les vieux démons des discriminations. Les peurs des autres se nourrissent de la méconnaissance des autres.

Cette évolution se consolide et est même acquise pour les jeunes générations, surtout celles passées par les grandes universités dans le monde et les *business schools*. Ça l'est beaucoup moins dans la vieille Europe et tout particulièrement en France avec des grandes écoles qui se fossilisent sur la reproduction sociale, plus de 90 % des élèves des classes préparatoires étant issus de classes CSP+ de la région parisienne, d'après une enquête récente de l'Institut des politiques publiques[1]. Heureusement, nous avons des établissements de prestige, comme l'INSEAD, où, est-ce un hasard, on enseigne la diversité des approches culturelles pour le management et la direction des entreprises[2].

Pour en avoir une idée, il suffit de comparer comment les entreprises exposent leurs diversités depuis quelque temps. Les images et les représentations exercent une influence considérable sur notre raison et notre jugement. Plus on verra de diversités affichées, plus les personnes disons circonspectes verront tomber leurs réserves, et plus les personnes issues des diversités penseront que c'est possible. Je rappelle que l'élection de Barack Obama doit, en partie,

1. C. Bonneau, P. Charousset, J. Grenet, G. Thebaul, *Quelle démocratisation des grandes écoles depuis le milieu des années 2000 ?,* IPP, 2021.

2. E. Meyer, *The Culture Map : Breaking Through the Invisible Boundaries of Global Business*, PublicAffairs, 2014.

au président noir Davis Palmer de la série *24 heures chrono* ! Regardez comme les séries ont changé par les époques qu'elles mettent en scène entre, d'un côté, *Mad Men* et *Desperate Housewives* et, d'un autre côté, *Game of Thrones* ou *Arsène Lupin*.

Alors, on pourrait se dire que tout va aller vers du mieux dans un monde meilleur. Ce qui vient d'être évoqué concerne les métiers pour des personnes plus diplômées, parlant anglais (ou *globish*), rompues aux différentes formes de travail et de collaboration, notamment à distance et maîtrisant les usages techniques des appareils connectés et des réseaux. Mais comme nous le verrons dans les deux prochains chapitres, les économies de nos sociétés reposent et continueront de reposer sur une majorité de métiers exigeant de la présence sur des lieux dédiés et en contact avec des personnes. La majorité de ces personnes est moins diplômée et moins rémunérée, ce qui correspond aux salaires les plus bas ou moyens bas, ainsi que les femmes et les personnes issues des diversités, dont une partie des immigrants.

Sur l'immigration, il serait grand temps de faire tomber les clichés. J'ai évoqué plus haut les métiers et leurs populations. On n'est plus dans cette situation. Les migrants venant d'Afrique ne sont pas ceux du Proche-Orient. Les unes, les uns et les autres n'ont pas, en moyenne, les mêmes compétences ni les mêmes qualifications. D'après les statistiques à propos de l'Europe, il y a autant de personnes non qualifiées que de personnes diplômées, voire très diplômées. Comment les nouvelles formes de travail et de télétravail modifieront-elles ces flux de compétences ? Car si, comme évoqué, il y a de plus en plus de talents et de compétences dans le monde, les régions du monde dont les personnes les plus qualifiées se voient obligées de partir s'appauvrissent, avec d'autres émigrations bien plus miséreuses…

Enfin, on ne saurait oublier les handicapés. Même si, comme pour les autres diversités, les entreprises avec des handicapés présentent de meilleurs indices en termes de culture, de qualité au travail et d'innovation, il reste que les transports, les horaires et les lieux de travail nécessitent des aménagements. Pas question de plaider pour garder les handicapés chez eux, cause de traumatisme psychosociaux évidents, mais là encore d'organiser les tâches en présentiel et à distance. Ils ont besoin, et encore plus que les autres personnes, de relations sociales. Là, il ne fait aucun doute que les bénéfices induits dépassent largement les coûts directs, notamment dans le contexte plus large des enjeux de la RSE[1].

Résumé et conclusion du chapitre

Cette brève perspective anthropologique entre le travail, les diversités, la vie privée et la vie professionnelle met en évidence des tendances séculaires qui remontent à la préhistoire pour les discriminations genrées et à notre histoire pour les diversités ethniques et culturelles. Comment expliquer ce qui s'apparente à une fossilisation sociale ? Les chercheurs en préhistoire et en anthropologie sociale

---

1. Malakoff Humanis, « Employer des travailleurs handicapés : des bénéfices pour l'entreprise et ses employés », 10 octobre 2019 ; L. Pratt, « The benefits of disability diversity in the workplace », HRD Connect, 16 octobre 2018 ; L. A. Schur, M. Ameri, D. Kruse, « Telework after Covid : a "silver lining" for workers with disabilities ? », *Journal of Occupational Rehabilitation* 30, p. 521-536, 2020.

proposent de nombreuses hypothèses depuis l'invention de l'anthropologie, de l'ethnographie et de la préhistoire dans la deuxième moitié du XIXe siècle, au moment même où s'affirme la révolution industrielle : hypothèses naturalistes entre les aptitudes respectives des femmes et des hommes ; infériorisation des autres cultures selon des postulats ethnocentrés, hypothèses écologiques sur la division des tâches et l'optimisation de l'exploitation des ressources ; raisons symboliques… Un regard anthropologique et évolutionniste dégage une perspective très différente de l'idéologie progressiste, sexiste, raciste, discriminatoire héritée du XIXe siècle et encore trop présente dans nos représentations collectives mais aussi dans notre culture et notre enseignement.

En fait, le premier âge des machines marque une courte parenthèse au regard de ce qu'ont été les interactions entre les activités de la vie privée, de la vie domestique et des activités de subsistance, même pour les activités agricoles et artisanales. La séparation des lieux de vie et des lieux de travail est un fait social et civilisationnel à la fois très récent et très court.

Certes, le travail à domicile existe depuis des siècles sous forme de tâches manuelles qui permettent d'obtenir quelques rémunérations. Il mobilise plus les femmes que les hommes, toujours plus occupés à des activités hors du domicile (sauf pour les clercs). Cependant, le travail à domicile des temps anciens ne s'apparente en rien à celui qui nous intéresse[1]. Les formes modernes de télétravail

1. « Travailler à domicile : des chambrelans au télétravail », École française de Rome, 5-7 juillet 2019.

émergent avec les télécommunications dans les années 1950. Du téléphone filaire à nos ordinateurs et nos réseaux actuels, le télétravail concerne des tâches intellectuelles : démarchage, conseil, information, centre d'appels, capture et traitement de données, méthodes de plateformes, visioconférences, maintenance et pilotage des machines en ligne… en attendant toutes sortes de véhicules autonomes. Cette tendance ne cesse de s'affirmer depuis plus d'un demi-siècle, mais plutôt lentement, jusqu'à la pandémie[1]. C'est aussi au cours de ces quelques décennies qu'on passe du premier au deuxième âge des machines. Auparavant, ce qui ne se faisait pas sur les sites de production pouvait se faire à domicile. Mais avec le déploiement des machines apprenantes, collaboratives, communicantes et intelligentes comme les assistants vocaux, le télétravail va se diversifier dans de nouvelles formes de collaborations et d'interactions stimulées par la pandémie, comme nous le verrons dans le chapitre suivant.

Les générations actives actuelles, celles qui n'ont connu en majorité, mais de façon massive, que cette séparation, deviennent leurs forces actives dominantes. Comment le télétravail et, plus largement, le développement à venir des machines connectées et des réseaux vont modifier profondément ou pas ce qui ressort de cette courte perspective historique :

- les interactions entre la vie privée et la vie professionnelle ;

1. P. Bouvard et P. Storehaye, *Le travail à distance. Le télétravail et le nomadisme leviers de transformation des entreprises*, Dunod, 2013.

- la « nature » des métiers des femmes et des hommes et leurs tâches ;
- les changements générationnels par-delà les problématiques des générations Y entre autres, comme les rôles que s'assignent les jeunes ;
- l'éducation des enfants et les biais genrés ;
- les métiers des hommes favorisant les déplacements – activités centrifuges et relations extérieures – et mieux rémunérés ;
- la maîtrise des temps de vie, de travail et de loisirs comme les enjeux de préservation de la vie privée ;
- les mutations de l'organisation du travail, dont la formation, les droits... ;
- le développement des différentes formes de travail à distance dans le cadre des transformations des entreprises avec la numérisation et l'automation ;
- les réaménagements de nos espaces urbains, de leurs usages, de l'habitat, des transports et des nouveaux modes de déplacement ;
- les enjeux de santé publique, notamment après la pandémie de la Covid-19 et en regard des maladies civilisationnelles ;
- les changements avec les objectifs de réduire les impacts des activités humaines sur la planète ;
- la mondialisation des talents...

Quelles seront les évolutions anthropologiques et civilisationnelles que nous allons connaître avec la révolution numérique, comme ça a été le cas pour la révolution agricole et la révolution industrielle – mais sans provoquer jusque-là de révolution anthropologique fondamentale entre les tâches et les obligations faites aux femmes et aux hommes – sur la montée en diversité des compétences dans le monde et sur fond de rupture générationnelle comme jamais ?

De nos jours, une grande partie de nos tâches passe par l'informatique et les claviers. Quand on invente la machine à écrire il y a plus d'un siècle, se pose la question de savoir qui, des femmes ou des hommes, va s'asseoir devant le clavier. Il se trouve que dans tous les milieux, sauf chez les plus pauvres, les jeunes filles apprennent à jouer du piano. Alors elles passent d'un clavier à un autre, ce qu'on appelle un exaptation : une adaptation transposée d'un domaine à un autre. Alors les tâches de frappe font secrétaire, d'autant qu'elles se font assises, sans déplacement ou effort physique intense, ou perçu comme tel. Ce marquage genré freine l'adoption des ordinateurs dans les entreprises à partir des années 1980 jusqu'à la fin du XXe siècle. (L'informatisation de l'imprimerie offre un exemple paradigmatique de cette évolution confrontée aux archaïsmes genrés entre des femmes aux claviers et des hommes porteurs virils de plaques de caractères en plomb[1].) De la préhistoire récente en quelques sorte puisqu'une telle représentation est tout simplement inconcevable pour les jeunes générations nées avec Internet. Une révolution rapide poussée par les usages qui marque la fin de ce premier âge des machines avec, d'un côté, les femmes dans des tâches postées et basées sur la dextérité et, de l'autre, des hommes dans des tâches mobiles

1. C. Vidal (dir.), *Féminin/masculin : Mythes et idéologies*, Belin, 2006.

et physiques en liaison avec la puissance des machines. Qu'en sera-t-il avec le déploiement des machines apprenantes et intelligentes, des assistants vocaux, des logiciels d'intelligence artificielle passant de l'oral à l'écrit et inversement, des tâches évoluant de la main-d'œuvre au « cerveau œuvre[1] » et, *in fine*, du travail à distance ? De réelles possibilités d'une révolution anthropologique du travail qui, ne soyons pas naïfs, vont se heurter aux représentations genrées et aux biais si prégnants du monde des technologies du numérique. Le spectre des femmes télétravaillant à domicile et des hommes télétravaillant dans des bureaux alternatifs est tout sauf une fiction anthropologique. En un demi-siècle, on passerait de *desperate housewives* à *desperate homeworking women.*

Mais cette fois, l'enjeu dépasse largement le seul cas du mauvais sort séculaire fait aux femmes, encore trop souvent invisibles dans les études historiques ou actuelles sur le travail. Le travail à domicile n'est pas qu'une transposition plus ou moins commode de ce qui se fait dans l'entreprise comme on l'a connu et on le connaît encore dans le contexte de la pandémie. Il y a le travail industriel, qu'il soit artisanal, proto-industriel ou industriel moderne ; il y a le télétravail proprement dit lié aux technologies de l'information et de la communication et, plus récemment, le travail de plateformes numériques, sans oublier les freelances et toutes les nouvelles formes indépendantes de travail. Comment passer de l'invisibilité à une vraie valorisation de toutes ces formes de travail à distance, en espérant que les nouvelles favoriseront la reconnaissance

1. P. Beretti, A. Bloch, *Homo numericus au travail*, *op. cit.*

des autres plus anciennes et trop peu socialement reconnues ? Tel est le grand enjeu de notre époque[1].

Si cette courte perspective historique se cale sur l'histoire des derniers siècles en Occident, la révolution numérique se fait à un niveau mondial, ce qui implique une dimension anthropologique considérable trop longtemps négligée. Les différentes cultures vont appréhender très différemment ces changements, notamment ce qui touche à la vie privée et à la vie professionnelle en fonction des traditions familiales. Avant cela, regardons quelle était l'importance du télétravail dans le monde et ses potentialités avant la pandémie de la Covid-19.

1. « Le travail à domicile. De l'invisibilité au travail décent », Organisation internationale du travail, janvier 2021 ; G. Petriglieri *et al.*, « Prospérer dans l'économie à la tâche », *Harvard Business Review* 28, p. 114-117, août-septembre 2018.

Chapitre 2

Le télétravail avant et pendant la pandémie

Macaques, chimpanzés et innovation

Virus et éthologie du travail

Préambule anthropologique : macaques, chimpanzés et innovation sociale

Quelles sont, parmi les sociétés de singes et de grands singes – ce qui inclut les humains et par ricochet les entreprises, gérées par des humains –, celles qui innovent ? Car il n'y a pas que les sociétés humaines qui évoluent, à condition de connaître l'histoire des autres sociétés. Hélas, la pensée commune distille l'idée que les sociétés animales restent figées, comme le seraient les entreprises dans leurs modes de production et d'organisation du travail. Mais depuis que l'on scande que nous sommes dans une économie de l'innovation, des économistes, des anthropologues et des éthologues – qui restent trop minoritaires – s'intéressent à ces questions et plus particulièrement à celle-ci : quels sont les facteurs sociaux et cognitifs universels qui font que des sociétés innovent ? Un groupe d'éthologues s'est donc posé la question[1].

Les chercheurs ont analysé près de 70 sociétés de singes, de grands singes et d'humains parmi plus d'une vingtaine d'espèces. Il en ressort deux grandes typologies socio-comportementales : les macaques et les chimpanzés. Chez les premiers dominent des structures aussi rigides que hiérarchiques, autoritaires et coercitives, avec un contrôle

1. C. Pasquaretta *et al.*, « Social networks in primates : smart and tolerant species have more efficient networks », *Nature*, décembre 2014.

strict des activités des individus par les dominants. Tout écart comportemental est sanctionné. Ce sont les dominants qui décident de tout, eux-mêmes constituant des clans très népotiques ; despotisme et népotisme. Si de telles sociétés existent, et en nombre, c'est que cela présente plus d'avantages que d'inconvénients, ce qui vaut dans des écosystèmes relativement stables avec des ressources régulières. Pas besoin d'innover, il suffit d'être plus efficace.

Il en va tout autrement chez les chimpanzés. Ils vivent dans des sociétés dites de fusion/fission : les individus se regroupent et se séparent au sein de leur communauté et de leur territoire au gré de leurs besoins, de leurs affects et de leurs relations et intrigues sociales. Ils font de la politique, ce qui veut dire que les hiérarchies changent[1]. S'il existe des clans plus dominants, le statut de leader n'est pas garanti, loin s'en faut. Les dominants se montrent tolérants, non sans rappeler leur statut si nécessaire. Les individus bénéficient de plus de liberté d'action et d'innovation. Les dominants acceptent les délégations de compétence et de leadership si un individu est reconnu plus à même de diriger une chasse – plus souvent un mâle – ou d'utiliser les outils pour accéder à des nourritures – plus souvent une femelle. Même si les dominants, par définition, pourraient accaparer une proie attrapée par un autre ou les cerneaux de noix obtenus par une autre, il n'y a jamais appropriation autoritaire. Reconnaissance et partage dans l'intérêt bien compris des uns et des autres. Ces sociétés montrent une grande adaptabilité et une grande souplesse sociale,

1. P. Picq, *Qui va prendre le pouvoir ? Les grands singes, les hommes politiques ou les robots*, Odile Jacob, 2017.

présentent une plus grande diversité d'activités alimentaires, techniques, sociales, politiques et culturelles et s'adaptent à plusieurs types d'environnement et à leurs changements.

Caractéristiques sociales des sociétés de macaques et de chimpanzés

Macaques	Chimpanzés
Hiérarchies rigides	Hiérarchies souples
Relations formelles	Relations tolérantes
Népotisme	Coalitions changeantes
Contrôle social, présentéisme	Fusion et fission entre individus et sous-groupes
Contrôle des individus/pas de déviance	Modularité avec des groupes testant et innovant
Si innovation, diffusion lente	Diffusion rapide/boucles d'interactions
Statut prévalant sur la compétence	Acceptation des compétences des autres
Initiatives en périphérie, non diffusées	Initiatives au sein du groupe, diffusion, culture
Non-reconnaissance des compétences	Reconnaissance des compétences
Accaparation des initiatives des autres	Respect des initiatives des autres
Relations descendantes	Boucles d'interactions entre les individus
Culture de la faute et de la sanction	Culture d'essai/erreur
Défiance envers les initiatives des autres	Confiance et attentes dans les initiatives des autres
Pas de processus de décision collective	Processus de décisions collectives

Toutes les sociétés de macaques et de chimpanzés ne sont pas comme cela, avec des différences d'organisations sociales entre espèces et entre populations d'une même espèce. Il y a donc des variations entre deux grandes typologies sociales, et c'est pour cela qu'il y a évolution sociale. Cependant, comme indiqué dans le tableau, il y a une cohérence sociale qui associe les caractéristiques cognitives et comportementales des groupes sociaux. En d'autres termes, les expériences sociales visant à prendre des critères des unes et des autres pour bricoler une nouvelle expérience sont vouées à l'échec. Il y a soit des sociétés de type macaque (*macaca-like*), soit des sociétés de type chimpanzé (*chimpanze-like*) et leurs variations. Il importe de bien comprendre qu'on est sur ce qu'on appelle des universaux en anthropologie culturelle. Qu'importe l'espèce, ils s'appliquent à tous les groupes de singes, de grands singes et d'humains et à leurs organisations sociales.

L'éthologie et l'anthropologie proposent des grilles de lecture d'une formidable pertinence pour comprendre les évolutions des sociétés humaines et du travail depuis des millénaires et plus encore, au vu des profondes transformations du travail et de ses nouveaux modes d'organisation, déjà émergeantes avant la pandémie, et touchant les changements actuels, notamment pour le travail à distance et à domicile, mais aussi tout ce qui a trait aux contacts avec les autres, ce qu'on appelle l'épouillage chez les singes. Nous avons un cerveau social et la qualité des relations entre les individus est corrélée à la fréquence et à l'intensité des séances d'épouillages[1].

1. P. Picq, *Premiers hommes*, *op. cit.*

Ce qui prévaut dans les sociétés de singes et de grands singes prévaut aussi dans les sociétés humaines et dans les entreprises. La distanciation sociale, les confinements, les gestes barrière, les salons de coiffure fermés… ont brutalement rappelé les fondements des relations humaines, négligés par les usages inconsidérés des « réseaux sociaux ». Par-delà l'éthologie et l'anthropologie, les problèmes psycho-sociaux dus à trop de distanciation et d'isolement avec les nouvelles formes de travail sont déjà bien identifiés, mais pas suffisamment pris au sérieux, exacerbés pendant la pandémie. Le développement et l'acceptation du télétravail passe par ces contraintes anthropologiques[1].

★★★

Virus et éthologie du travail

Dans son intervention du 4 février 2021, la ministre du travail Élisabeth Borne a fustigé les entreprises qui rechignaient à développer le travail à distance après le premier confinement. En effet, une majorité d'entreprises imposait de nouveau les activités en présentiel, allant même à l'encontre des désirs de nombre de collaborateurs d'organiser leurs tâches de façon hybride. On touche là une spécificité du management à la française, très vertical et basé sur le contrôle présentiel. Par comparaison, en Angleterre, seulement 40 % des personnes ont repris le chemin de

---

1. Voir le dossier « Lutter contre la solitude dans un monde hyperconnecté », *Harvard Business Review* 30, p.52-70, décembre 2018-janvier 2019.

leur lieu de travail contre deux fois plus en France, de l'ordre de 84 %[1].

Il importe de souligner qu'une partie tout aussi importante de personnes a mal vécu le travail à domicile et souhaite revenir dans les locaux des entreprises pour de nombreuses bonnes raisons. On parle donc beaucoup de télétravail mais, comme nous le verrons, plus de la moitié des métiers si essentiels à nos sociétés exigent des activités sur site et des contacts avec des personnes. Si le gouvernement incite à plus de télétravail et si trop d'entreprises hésitent, il n'en reste pas moins qu'après la fin encore attendue de la pandémie, et même si les tâches à distance se développeront de façon très significative, elles ne représenteront, toutes activités confondues, qu'entre 25 à 55 % de l'ensemble des tâches. Cela entraînera-t-il des changements conséquents pour nos vies privées et professionnelles et, finalement, pour nos sociétés ?

Les profils économiques des pays et leur culture seront des facteurs déterminants. Les différences de tissu économique entre l'Angleterre et la France n'expliquent pas tout. Si les métiers de la finance, très numérisés, sont plus développés d'un côté de la Manche tandis que les usines et les lieux de production sont plus importants de notre côté, il faut se garder des clichés. Les métiers de la finance, de la banque et de l'assurance représentent un secteur considérable en France, et le Royaume-Uni possède un tissu industriel tout aussi développé et – point d'une grande importance au vu des transformations en

---

1. *The Economist* 436 (9211), « The Future of the office », 12-18 septembre 2020.

cours –, plus moderne et plus numérisé. Il en est de même, par exemple, pour les hôpitaux, ce qui ne garantit pas pour autant un meilleur système de santé, qui ne se limite pas qu'à des aspects de numérisation – automation, assistant vocaux, robotisation… – mais va jouer un rôle considérable dans les transformations en cours.

Pour revenir à des considérations plus anthropologiques à propos du management, la France se caractérise par des pratiques verticales, autoritaires, objet d'une multitude de contrôles issus d'une culture administrative encore nourrie de défiance envers les citoyens, les usagers et les collaborateurs. Ça change – au risque de surprendre – plus vite dans nos administrations que dans les entreprises en général. On pourrait aussi, comme on l'entend, dénoncer une culture « militaire ». Mais depuis leur professionnalisation, les armées n'ont plus rien à voir avec ce que j'ai connu en faisant mon service national il y a presque un demi-siècle, notamment pour la gestion des ressources humaines et les évolutions technologiques. Il s'agit bien d'un fond anthropologique latent qui pose la question de la formation des managers et des dirigeants.

Des tendances se manifestent depuis le début du XXIe siècle, comme le travail à distance, les bureaux mobiles, les tiers-lieux, les espaces alternatifs et les concepts d'entreprises libérées, apprenantes, l'holacratie, sans oublier des méthodes de travail comme les plateformes ou encore les méthodes agiles. Mais cela ne concerne pas tous les métiers – ou plus précisément, toutes les tâches – et comme l'illustre le retour en présentiel après le confinement, les principaux obstacles restent d'ordre anthropologique et culturel. Nous conservons la « manie des petits chefs », un frein pour les adaptations nécessaires déjà engagées avant la crise de la Covid-19 et dont l'évolution du travail à distance et du télétravail représente un test aussi inattendu qu'utile pour s'adapter aux transformations déjà en cours.

Ce chapitre s'organise en deux parties. La première propose un état des lieux du télétravail avant et pendant la pandémie. La deuxième s'intéresse aux défis des adaptations des entreprises dans le cadre de la révolution numérique. Car un constat saillant ressort des études actuelles autour du développement du télétravail perçu comme un moyen d'améliorer la productivité et l'organisation actuelles du travail, ce qu'on appelle le *solutionnisme*, alors que les vrais enjeux en termes d'adaptation concernent les transformations des entreprises avec la numérisation, l'automatisation et la robotisation. Autrement dit, et pour faire référence à l'éthologie, entre les causes immédiates et les causes ultimes, les premières permettent de s'adapter aux circonstances actuelles – le recours massif au travail à distance pendant les confinements –, les autres de mettre en place les adaptations pour demain, pour répondre aux défis de nos sociétés en pleine mutation. Par exemple, il semble évident que les tâches et les métiers numérisés, donc effectués sur ordinateur ou tout appareil connecté, puissent se faire à distance, mais pas les activités de production nécessitant de lourds moyens en équipements, comme dans les usines. Ce n'est pas aussi simple. De nombreuses usines ont continué de produire et ont même augmenté leur production en Chine pendant le confinement, comme à Wuhan. Pourquoi ? Parce qu'elles sont numérisées, utilisent des jumeaux numériques (*digital twins*) et l'intelligence artificielle. De telles usines existent aussi en Europe et en Amérique du Nord.

Les entreprises qui, dans tous les secteurs économiques, sont déjà engagées dans une profonde transformation numérique et culturelle, dont les formes de travail à distance, sortiront grandes gagnantes de cette crise. Ça se passe comme ça, l'évolution ; c'est la sélection naturelle. Celles déjà en retard ne pourront qu'innover de façon incrémentale avec quelques gains immédiats (innovation lamarckienne) mais ne résisteront pas à celles déjà engagées dans une transformation numérique, mais aussi organisationnelle, sociétale et environnementale. Et on aurait tort de croire que ce constat résulte de la pandémie. Toutes les études d'analyse et de prospective de la dynamique des entreprises insistent clairement sur ces tendances depuis une décennie[1].

Le télétravail avant la pandémie

Le travail à distance restait peu développé avant la pandémie, même dans les économies les plus avancées ; entre 5 à 7 % des activités. Cela aurait pu être beaucoup plus, mais diverses raisons culturelles, managériales et techniques ne le favorisaient pas, auxquelles s'ajoute le manque d'expériences et de retour d'expériences. Ce n'est plus le cas après une année de pandémie et, selon les pays, divers confinements. Une expérience à l'échelle mondiale donc, qui permet d'apprécier les aspects positifs et négatifs du côté des employés comme du côté des entreprises, tout en soulignant que le passage au télétravail massif n'avait été ni préparé ni négocié. Théoriquement, les effets positifs auraient certainement pu être plus importants s'ils avaient

1. P. Picq, *Un paléoanthropologue dans l'entreprise*, *op. cit.*

été anticipés et, d'un autre côté, il faut prendre en compte la soudaineté et l'impréparation à ce changement pour évaluer les aspects négatifs.

L'évolution du travail depuis le milieu du XIXe siècle n'a pas imposé de séparation géographique importante entre les lieux de vie privée et les lieux de travail, comme pour les cités ouvrières ou minières. Le processus d'éloignement se fait un siècle plus tard, dans le contexte de la tertiarisation de l'économie. Certes, les déplacements pour se rendre au travail existent depuis la révolution industrielle et s'intensifient avec l'industrialisation et le développement des métiers de bureau, mais cela devient vraiment dominant à partir du deuxième tiers du XXe siècle, avec pour conséquence le développement des banlieues, des grandes banlieues, des villes nouvelles et villes-dortoirs ; le régime métro-boulot-dodo[1].

La distanciation géographique entre résidence et travail résulte, d'un côté, de la logique centripète de la concentration des moyens de production et de l'autre, des contraintes centrifuges pour trouver des habitats décents et modernes. En fait, le modèle de la concentration des moyens de production de la grande industrie s'est transposé dans le secteur tertiaire jusqu'à arriver à une situation qui présente plus d'inconvénients que d'avantages pour les employés. (La désaffection en cours pour les grandes concentrations urbaines en est une des conséquences.) Les évolutionnistes parlent d'*exaptation* : quand un modèle adaptatif dans un domaine se transpose dans un autre, mais trop souvent sans en évaluer les conséquences.

---

1. I. Gately, *Rush Hours*, *op. cit.*

Si on comprend facilement cette logique historique, on comprend moins qu'elle n'ait pas évolué vers plus de travail à distance avec le déploiement de la micro-informatique dans les années 1990, puis avec les premiers réseaux numériques, le web 2.0 puis les suivants[1]. Les transformations, poussées par la révolution numérique sont déjà bien réelles, mais appréhendées très différemment selon les entreprises[2]. Il s'agit moins de l'inertie des machines que de celle des mentalités et des organisations du travail procédant aussi d'une longue exaptation avec ses réglementations et ses contraintes ; autrement dit, une question de culture[3]. Et c'est là qu'arrive un coronavirus.

Mais au lieu de s'intéresser aux transformations du travail déjà en cours, les prospectivistes les plus patentés ont préféré deviser sur la fin du travail ; toujours la manie du solutionnisme et son incapacité à percevoir les transformations en gestation. On voit les destructions en cours mais pas ce qui émerge ; l'antithèse de la destruction créatrice. Or, depuis les origines de l'humanité, les innovations techniques majeures ont toujours produit plus de travail qu'elles n'en ont détruit. Certes, ce constat ne procède

1. Voir Wikipédia : « Télétravail » et Wikipédia : « Telecommunting » ; P. Bouvard et P. Staorehaye, *Le travail à distance, op. cit.* ; Roland Berger (cabinet) et Centre d'analyse stratégique, « Le développement du travail dans la société numérique de demain », *op. cit.* ; B. Messenger *et al.*, *Teleworking in the 21st Century : An Evolutionary Perpsective*, Edward Elgar Publishing Ltd, 22 novembre 2019.

2. P. Beretti et A. Bloch, *Homo numéricus au travail*, Economica, 2016 ; Electronic Business Group : série de publications sur l'entreprise apprenante, 2018-2020.

3. « How to Drive a Digital Transformation : Culture is Key », Boston Consulting Group, www.bcg.com – « Digital sucess requires a digital culture », McKinsey & Company, 3 mai 2017.

pas d'une loi nomologique mais d'un solide empirisme, comme il en a toujours été dans l'évolution et dans l'histoire. (Il serait grand temps que nos humanités fassent leur deuil de l'idée de logique et de loi de l'histoire héritées du XIXe siècle. Cela procède de l'idéologie et de la déraison pure. Dans l'évolution, dans l'histoire, en économie, il y a des mécanismes et des processus universels qui se déclenchent avec la conjonction d'un ensemble de facteurs. Il ne s'agit donc pas de loi contenant en elles leurs processus – on dit monologiques – mais des algorithmes.)

Les inventions des agricultures ont entraîné une diminution des activités de collecte et de chasse, même pour des sociétés conservant ces activités de subsistance. Cela se traduit par des moyens de production autour des habitats, des concentrations d'habitats et moins de déplacements centrifuges, surtout pour les hommes. Le travail augmente, comme le nombre de personnes impliquées dans les tâches agricoles, à la fois en nombre absolu et relatif.

La révolution industrielle provoque un exode rural considérable du milieu du XIXe siècle au milieu du siècle suivant. La part de la population active dans le monde agricole est divisée par dix ! Pendant cette même période, la population ouvrière et minière augmente fortement, là aussi en chiffres absolus et relatifs. Il en va de même avec la quantité de travail globale. Si les heures travaillées diminuent grâce aux avancées sociales, la productivité s'accroît avec les évolutions des machines et des modes d'organisation du travail.

Même tendance à partir des années 1970, les « années Giscard », avec la tertiarisation de la société et la part croissante des métiers « intellectuels » grâce à l'accès de plus en plus massif aux études supérieures après 1968. Les « cols bleus » deviennent moins nombreux que les « cols blancs ». Les banlieues et les nouveaux modes de résidence se développent avec l'augmentation des infrastructures de transport comme des temps de transport. Il en va de même avec les réseaux de communication (téléphone, Minitel...). Le chômage devient de plus en plus structurel. Mais personne ne voit ou ne veut voir ce qui se profile. L'atelier recule devant les bureaux, ce qui aura des conséquences considérables avec la désindustrialisation et la mondialisation. Le bac pour plus de 90 % d'une classe d'âge, la crainte des mouvements ouvriers et la domination de certains syndicats, les 35 heures, le projet stupide d'une France sans usine, le dumping social avec les pays émergents devenus les ateliers du monde... Tout concourt à la disparition des forces de production. On en payera les conséquences lors de la crise de la Covid-19 avec l'exemple des masques, des composants des tests et des vaccins. Plus encore, les pays ateliers du monde ont modernisé et numérisé leur tissu industriel de telle sorte qu'ils sont les plus avancés actuellement. Ils ont fait ce que nous aurions dû faire au lieu de délocaliser pour jouer sur les marges sans innover et perdre trop de compétences. Les processus d'optimisation jouent contre l'adaptabilité dans un monde qui change. Une dévalorisation des « cols bleus » et la désindustrialisation qui risquent de s'aggraver avec le développement du deuxième âge des machines dites intelligentes et apprenantes capables de faire du « cerveau œuvre ».

Après la crise financière de 2008, le monde a connu une période de croissance considérable avec des créations d'emplois inédites. Il n'y a jamais eu autant de travail et de personnes travaillant depuis les origines de l'humanité. Il n'y a jamais eu autant de personnes connectées par les réseaux de communication et jamais autant de personnes ne se sont déplacées sur la planète, que ce soit pour des raisons professionnelles ou touristiques. Évidemment, tout cela ne va pas sans de graves conséquences économique, environnementale et sociale car, plus que des évolutions quantitatives, il s'agit de changements qualitatifs avec des destructions et des créations d'activités et de métiers. Même si on se serait bien passé de cette pandémie, elle met brutalement en exergue les failles politiques, sociales et économiques de nos sociétés qui ne cessent de s'accentuer. Un des problèmes sous-jacents est la stagnation séculaire de productivité depuis plus de trois décennies, le « paradoxe de Solow[1] » devenant une sorte de malédiction de nos modes de production. Alors, est-ce que les mutations d'une partie des activités vers le télétravail vont répondre, en partie, à ce problème fondamental de nos économies tout en ayant aussi, on l'espère, des effets positifs sur la qualité de la vie au travail, mais aussi sur la vie sociale, culturelle et environnementale[2] ?

Parmi toutes les études consultées, la plus précise est celle de la Commission européenne[3]. On y trouve des définitions très claires des différentes formes de travail à distance et de leur faisabilité, ainsi que des indices sur les

---

1. En 1987, Robert Solow constate que les ordinateurs et l'informatique sont partout, mais pas dans les statistiques de la productivité. Vingt ans plus tard, c'est devenu une tout autre histoire avec le découplage entre les rémunérations, le PIB et la productivité, comme nous le verrons dans le chapitre suivant.

2. Voir entretien avec P. Picq, *La Tribune*, février 2021. Nous aborderons les conséquences sociales dans le troisième chapitre.

3. M. Sostero *et al.*, « Teleworkability and the Covid-19 crisis: a new digital divide? », Commission européenne, mai 2020 ; Eurofond 2020, *Living, working and COVID-19*. COVID-19 series, Publications Office of the European Union.

tâches susceptibles de se faire à distance et, plus précisément, par les moyens de télécommunication.

Le télétravail restait peu développé en Europe, bien moins que ce qui était potentiellement possible ; c'est la première leçon de la crise. La part de télétravail a augmenté entre 2009 et 2019, certainement en relation avec le développement de la numérisation et de l'automation de nombreuses tâches pour les employés et l'essor du travail indépendant.

Part du télétravail chez les employés et les travailleurs indépendants entre 2009 et 2019[1]

	2009	2019	Total
Employés occasionnellement	4,5 %	3 %	7,5 %
Employés habituellement	7 %	4 %	11 %
Indépendants occasionnellement	13 %	16 %	29 %
Indépendants habituellement	15 %	21 %	36 %

Cependant, le télétravail restait bien en deçà de ses potentialités, comme cela a été mis en évidence par la pandémie. Toujours d'après cette étude, la part du télétravail qui occupera nos sociétés après la crise correspondra à ce qu'elle a été pendant la crise, mais avec de fortes disparités entre les pays et les métiers, et entre les structures familiales et les classes d'âge. Quelles sont-elles ?

1. D'après les figures 1 et 2 de M. Sostero *et al.*, *op.cit.*

Pourcentages de télétravail par secteur économique et proportion d'employés/travailleurs indépendants mobilisés[1]

	Secteurs économiques		Pourcentages de travailleurs	
	Employés	Indépendants	Employés	Indépendants
Technologies de l'information et de la communication	30	10	27	9
Connaissances, conseil	20	13	22	10
Éducation	31	20	3	6
Édition, audiovisuel, médias	22	10	19	5
Immobilier	16	10	17	4
Télécommuni-cations	22	2	14	5
Arts, loisirs, culture	10	13	16	3
Finances, assurances, crédit	17	4	12	3
Moyennes et hautes technologies	15	1	10	2
Services, soins aux personnes	7	4	6	2
Secteurs de la production	5	1	5	2
Autres secteurs	6	4	6	2

1. D'après les figures 3 et 4 de M. Sostero *et al.*, *op. cit.*

Cette étude, comme toutes les autres, souligne les fortes différences entre les professions et les qualités des personnes. Sans surprise, ce sont les personnes les plus diplômées et dans les professions de la connaissance et des technologies qui sont les plus engagées dans des formes de travail à distance, dont le télétravail. Ce sont, aussi, les personnes jouissant des plus hautes rémunérations. Une fracture numérique qui s'accentue en faveur – en tout cas sur ce sujet au cœur des transformations actuelles de nos sociétés stimulées par la pandémie – des cols blancs diplômés et avec de meilleurs revenus. Les personnes occupants ces métiers comptent parmi celles qui craignent le moins pour leur avenir professionnel.

Profils socio-économiques et part de télétravail[1]

		Tous les jours	1 fois/semaine	Total
Éducation	Supérieure	23 %	14 %	37 %
	Moyenne	7 %	5 %	12 %
	Faible	3 %	1 %	4 %
Contrat	CDD	11 %	6 %	12 %
	CDI	14 %	9 %	23 %
Emploi	Partiel	15 %	7 %	22 %
	Plein temps	16 %	10 %	26 %
Revenus	Quart supérieur	17 %	10 %	27 %
	Moyen supérieur	9 %	6 %	15 %
	Moyen inférieur	6 %	4 %	10 %
	Quart inférieur	4 %	2 %	6 %
Famille	Sans enfant	9 %	6 %	15 %
	Avec enfants	13 %	8 %	21 %
Moyenne		9 %	6 %	15 %

1. D'après l'encadré 3 de M. Sostero *et al.*, *op. cit.*

La pandémie a aussi mis en exergue l'importance des structures familiales et des conditions de vie pendant la crise.

Familles, conditions de vie et pourcentage de télétravail pendant la pandémie[1]

Ville, banlieues	55 %
Rural	33 %
Pas d'enfant	44 %
2 parents	38 %
1 parent	29 %
Éducation supérieure	65 %
Éducation secondaire	27 %
Non qualifiés	13 %
Femmes	41 %
Hommes	27 %
Tranche d'âge : 50-64 ans	33 %
Tranche d'âge : 30-49 ans	42 %
Tranche d'âge : 15-29 ans	45 %

On note aussi de grandes différences entre les pays.

Globalement, il ressort de cette étude que pour l'ensemble des pays européens, c'est 33 à 44 % des tâches qui peuvent passer en télétravail, sauf pour les pays les moins avancés

1. D'après la figure 14 de M. Sostero *et al.*, *op. cit.*

dans le sud et l'est de l'Europe. Ces différences existaient il y a déjà une dizaine d'années et se sont accentuées récemment.

Ainsi, pendant la pandémie, la France se situe au plus près de la moyenne européenne (environ 37 %) tandis que les pays du Nord, déjà les plus avancés, accentuent leur avance avec 50 à 60 % de télétravail (Finlande, Luxembourg, Hollande, Suède, Danemark). Curieusement, alors que la France comptait parmi les pays les plus engagés dans le télétravail en 2009, elle a relativement peu progressé dans la décennie suivante, se retrouvant de fait dans la moyenne, même si la part de télétravail habituelle se montre relativement plus importante par rapport aux pratiques occasionnelles : 15 % de façon habituelle pour 4 % de façon occasionnelle, à comparer aux moyennes européennes qui sont respectivement de 7 % et 4 %.

Si les profils économiques des pays interviennent dans ces différences, les principales causes relèvent plus des types d'entreprises – les grandes entreprises développant plus le télétravail – et de leurs modes de management ; autrement dit, des causes culturelles.

Cette enquête très précise, bien plus large que ce qui en a été présenté ici, souligne combien la crise de la Covid-19 met en perspective les changements à venir dans le monde du travail, mais aussi dans nos sociétés, au sein de chaque nation comme entre pays. Ce qui vaut pour l'Europe s'applique avec une réalité encore plus marquée entre les grandes régions du monde et au sein de ces régions.

Les potentialités pour le travail à distance[1]

La pandémie a brutalement poussé les personnes dans le télétravail, quand c'était possible, et pas toujours dans les meilleures conditions. Cependant, cette expérience a permis de faire sauter des réticences structurelles, culturelles et techniques qui, jusque-là, freinaient les transformations possibles de l'organisation du travail entre activités effectuées sur des lieux dédiés et travail à distance.

Les études citées analysent 2 000 activités dans 800 métiers et dans neuf pays différents : Chine, France, Allemagne, Inde, Mexique, Japon, Espagne, Royaume-Uni et États-Unis. Sans surprise, les potentialités pour l'expansion du télétravail dépendent des pays, de leur culture, de leurs structures économiques et de leurs infrastructures.

En ce qui concerne les États-Unis, le McKinsey Global Institute dresse le tableau ci-après sur les potentialités du télétravail dans les différents secteurs économiques. Il en ressort très nettement, et sans surprise, que les métiers

1. Cette partie reprend les principaux éléments et conclusions du document du Bureau international du travail (ILO) intitulé « Teleworking during the Covid-19 pandemic and beyond » publié en juillet 2020 ; l'étude de S. Lund *et al.*, « What's next for remote work : an analysis of 2,000 tasks, 800 jobs, and nine countries » du McKinsey Global Institute, sortie en novembre 2020 ; l'étude d'E. DeFilippis *et al.*, « Collaborating during coronavirus : the impact of Covid-19 on the nature of work », National Bureau of Economic Research, juillet 2020 ; l'étude de M. Sostero *et al.*, « Teleworkability and the Covid-19 crisis : a new digital divide? », *op. cit.* ; l'étude du cabinet Gartner, « Future of work trends post-Covid-19 », www.gartner.com/en/human-ressources, juin 2020 ; l'étude d'A. Alexander *et al.*, « Reimaging the post-mandemic workforce », *McKinsey Quaterly*, 2020 ; et l'article « The future of the office », *The Economist* 436 (9211), 12-18 septembre 2020.

de la banque, de la finance, des assurances comme de la collecte et du traitement des données comptent parmi les professions susceptibles d'accentuer les proportions de télétravail sans perte de productivité (76 %). Si on prend en considération le développement des techniques du numérique – ordinateurs, *cloud computing*, intelligence artificielle, robots et cobots, assistants vocaux, chabots… –, le potentiel théorique pour les années à venir monte à 86 %. Suivent par ordre décroissant le management, les services scientifiques et techniques, les métiers de la collecte et du traitement des données et des informations. À noter que ces métiers usent déjà du travail à distance, que ce soit du domicile ou depuis des bureaux et autres lieux de travail, partagés ou non. Mais ce qui frappe à la lecture de ces chiffres, c'est que quel que soit le taux de travail à distance, et mis à part sept secteurs sur les 18 analysés, le potentiel d'augmentation de télétravail est le même dans l'absolu, soit entre 10 et 13 %. Ces chiffres traduisent, en partie, les potentiels à la fois en termes d'organisation et/ou de transformation numérique. C'est ce que reflète la moyenne indiquée en dernière ligne du tableau.

Autre conclusion de l'étude, également sans surprise, les professions avec une proportion importante de personnes diplômées ou très diplômées présentent le plus grand potentiel pour le télétravail et les meilleures rémunérations. Ces personnes disposent, en moyenne, de logements plus vastes avec possibilité de pièces dédiées au télétravail, ont les moyens de financer des équipements (sans oublier les aides des entreprises) et, ayant été des étudiants, ont l'habitude de travailler personnellement en gérant leur temps et leurs activités, que ce soit en séquentiel ou en parallèle.

Potentiel pour le télétravail par secteur économique aux États-Unis[1]

Secteur économique	Potentiel actuel sans perte de productivité	Potentiel maximum théorique
Finance, assurances	76 %	86 %
Management	68 %	78 %
Services scientifiques et techniques	62 %	75 %
IT et télécommunications	58 %	69 %
Éducation	33 %	69 %
Ventes en gros	41 %	52 %
Immobilier	32 %	44 %
Gouvernement et administrations	31 %	42 %
Services publics et privés	31 %	37 %
Arts, spectacles, loisirs	19 %	32 %
Assistance sociale et soins	20 %	29 %
Commerce de détail	18 %	28 %
Extraction minière	19 %	25 %
Fabrication, production	19 %	23 %
Transport et stockage	18 %	22 %
Construction, bâtiment	15 %	20 %
Livraisons, services restauration	8 %	9 %
Agriculture	7 %	8 %
Moyenne	**29 %**	**39 %**

1. D'après la figure 2 de S. Lund et *al.*, *op. cit.*

Autre réalité rarement évoquée dans les débats actuels autour du travail à distance : les nouveaux métiers dont les développements se font d'emblée à distance avec les nouvelles technologies. Il y a aussi les métiers pour lesquels les machines vont remplacer les personnes. Des métiers apparaissent donc avec des tâches et des collaborations qui se font en ligne tandis que pour d'autres métiers, les tâches ne disparaîtront pas mais seront accaparées par des machines guidées en ligne, comme c'est déjà le cas sur les chaînes de production. Il faut donc identifier très clairement, parmi les métiers et les secteurs, les tâches qui requièrent des personnes en présentiel, c'est-à-dire avec d'autres personnes et/ou des machines sur sites, les tâches mieux exécutées par les machines et les tâches hybrides humains/machines. Le tableau ci-dessous décrit le pourcentage de tâches pouvant glisser vers du travail à distance sans perte de productivité, et leur potentiel théorique maximum. Tous les secteurs ou presque s'engagent dans des transformations numériques et d'automation, ce qui implique de regarder par activité.

Activités potentiellement éligibles pour le travail à distance[1]

Secteur économique	Potentiel actuel sans perte de productivité	Potentiel maximum théorique
Formation, remise à niveau	82 %	91 %
Informatique – ordinateurs – logiciels	70 %	75 %
Innovation, création	43 %	68 %
Communiquer, renseigner collègues et clients	43 %	63 %

1. D'après la figure 1 de S. Lund *et al.*, *op. cit.*

Secteur économique	Potentiel actuel sans perte de productivité	Potentiel maximum théorique
Traiter, analyser, interpréter des données	54 %	61 %
Établir des relations entre personnes	29 %	57 %
Administration et organisation	39 %	52 %
Développement personnel, coaching…	6 %	47 %
Gestion des process et des ressources	34 %	46 %
Vente, incitation	24 %	41 %
Évaluation des produits et contexte	24 %	33 %
Soins et assistance	8 %	12 %
Contrôle et maintenance matériels	2 %	0 %
Manipulation d'objets	0 %	0 %
Contrôle des machines et équipements	0 %	0 %

Ces chiffres correspondent à la situation actuelle des États-Unis telles que les données et les analyses ont été effectuées. En ce qui concerne les activités en bas du tableau, certaines peuvent se faire à distance grâce à des doubles numériques par exemple.

Ces deux tableaux soulignent, en s'intéressant aux tâches et à la transformation numérique, que les changements touchent tous les secteurs économiques, quel que soit le taux de télétravail déjà pratiqué. Comme déjà évoqué plus haut, cette évolution était déjà engagée depuis une dizaine d'années dans le cadre plus large de la transformation numérique de l'économie, des entreprises et des administrations.

Ces données et ces enseignements concernent principalement les États-Unis. Qu'en est-il pour les autres pays étudiés ?

Le télétravail dans le monde : indications régionales

Sans surprise, l'étude du MGI montre que les économies les plus avancées sont plus susceptibles de développer le télétravail que les pays émergents, tout en soulignant que les évolutions de ces derniers ne se feront pas comme celles des pays développés. Les pays dits émergents ne vont pas reproduire le modèle des pays les plus avancés évoluant à partir d'un passé industriel important vieux de deux siècles (premier âge des machines). Si ces derniers tentent d'enrayer la désindustrialisation qui les a handicapés pendant la crise – notamment pour les masques, entre autres –, il faut prendre conscience que la Chine a dépassé le stade d'atelier du monde[1]. Elle a développé des usines ultra modernes, connectées, robotisées, gérées par l'intelligence artificielle et en partie à distance. Plus encore, les pays occidentaux se retrouvent dans une concurrence sévère dans différents secteurs très numérisés comme la finance, la banque, les centres d'appels et d'assistance, les

1. « Is China winning ? », *The Economist* 435 (9190), 18-24 avril 2020.

logiciels… et, là aussi, avec une avance considérable en termes d'innovation avec les réseaux et l'intelligence artificielle, comme l'entreprise d'assurance Ping An, *spin off* d'Alibaba[1], un exemple parmi d'autres. La numérisation de l'économie chinoise est plus avancée dans de nombreux secteurs, à l'instar des modes de paiements en ligne. (Il n'en reste pas moins qu'une partie des ouvriers chinois travaille dans des conditions très dures, même si la Chine a entrepris un immense effort sur la robotique qui risque de changer rapidement ces situations.)

D'après la dernière étude de l'ILO[2], le travail à distance régulier ou occasionnel, dont une partie à domicile, concernait plus de 30 % des métiers au Danemark, en Hollande et en Suède. À l'opposé, c'est moins de 10 % pour l'Italie, la Crète, la République tchèque ou la Belgique. Ces différences ne s'expliquent pas seulement par des économies avec des secteurs différents, comme le tourisme pour les pays du Sud. Aux États-Unis, les pourcentages tournent autour de 20 %, et seulement 16 % pour le Japon.

En Europe, quatre employés sur dix ont eu une expérience de travail à distance avant la pandémie. Pour le travail à domicile, 56 % ne l'avaient pas pratiqué avant la crise, contre 24 % actuellement. Pendant le confinement, plus de 60 % des personnes étaient en télétravail en Finlande et près de 50 % au Luxembourg, en Hollande, en Belgique et au Danemark. Il n'y a pas de données

---

1. Jennifer L. Schenker, *The Innovator* (*Les Échos*) 7, « The global IA race and its consequences », septembre 2018.
2. 2020, *op. cit.*

pour la France dans cette étude. On en trouve dans celle publiée récemment par le MGI[1].

Pourcentages des activités potentiellement éligibles pour le travail à distance dans différents pays[2]

Pays	Potentiel actuel sans perte de productivité	Potentiel maximum théorique
Royaume-Uni	33 %	46 %
Allemagne	30 %	39 %
États-Unis	29 %	39 %
Japon	29 %	39 %
France	28 %	39 %
Espagne	26 %	36 %
Mexique	18 %	26 %
Chine	16 %	22 %
Inde	12 %	16 %

Dans l'état actuel des activités professionnelles, les pays les plus avancés peuvent évoluer vers un taux de télétravail entre 26 et 33 % des activités sans perte de productivité, avec un potentiel théorique de 36 à 46 %. Les pays émergents ne sont pas loin derrière, mais il faut préciser qu'une partie très importante de la population se concentre sur des activités agricoles, de petits commerces et de services à la personne. Conséquence déjà soulignée, c'est dans les secteurs avec des activités très numérisées pouvant s'effectuer à distance que va se jouer une concurrence très intense au

1. *Op. cit.*
2. D'après la figure 3 de S. Lund *et al.*, *op. cit.*

niveau international. Les pays occidentaux et plus particulièrement européens doivent prendre conscience urgemment d'un mouvement en train de s'accélérer. Ces pays encore émergents ne le sont pas dans les domaines économiques d'avenir, qu'on appelle aussi d'*économies frontières*. Ce sont leurs économies globales qui sont émergentes, pas les secteurs économiques les plus dynamiques où, à l'instar de la Chine, ils sont très en avance pour la numérisation de leurs activités. Rien à voir avec l'image déjà préhistorique de l'atelier du monde (j'insiste). L'arrogance des pays occidentaux devient leur péché mortel. Ce constat vaut un peu moins pour l'Inde qui, cependant, et avec pour exemple la transformation de l'immense groupe Tata, suit le même chemin. Le Mexique et d'autres pays, comme le Brésil ou la Russie (les BRICS) devraient suivre.

Petite leçon d'anthropologie darwinienne et lévi-straussienne : quelle que soit la population choisie dans le monde, elle possède le potentiel pour innover et s'adapter. Lorsque j'étais à l'université Duke en Caroline du Nord aux États-Unis dans les années 1980, j'ai vu les départements de sciences se vider des étudiants américains des classes moyennes, supérieures et blanches (les WASP), tous s'orientant vers la finance, en parallèle du mouvement des dérégulations financières de l'administration Reagan, alors que les étudiants chinois les remplaçaient dans les filières scientifiques. L'avance de la Chine dans les nouvelles technologies du numérique et la biologie vient de là, comme pour les vaccins. Même chose pour les étudiants indiens (d'Inde), mais davantage dans le domaine des études de management. Il suffit de regarder leur présence au plus haut niveau des grandes entreprises dans le monde, comme aux États-Unis. L'Europe n'a rien vu venir, et encore moins la France dont les élites se reproduisent socialement avec obstination, entravant les diversités, qu'elles soient de genres, ethniques ou sociales. Nos élites préfèrent écouter les prospectivistes qui disent ce que devrait être le monde d'après les tendances dominantes que d'adopter une approche évolutionniste focalisée sur les faits émergents, qu'on appelle aussi les signaux faibles[1]. Plutôt que de tirer des extrapolations à partir d'une situation existante, il est plus pertinent de proposer plusieurs scénarios et leurs conséquences probables.

La crise de la Covid-19, le confinement et les transformations du travail agissent comme la sélection naturelle, favorisant les variations les plus favorables et réduisant les autres, appelées à se transformer ou à disparaître. On préfère parler de destruction créatrice, cela fait plus moderne, en référence à l'économiste Joseph Schumpeter, mais sait-on qu'il admirait Charles Darwin ? Pourquoi ? Parce que la culture de l'innovation et de l'entrepreneuriat est d'essence darwinienne, pas au sens courant et erroné d'élimination, mais au sens de l'émergence de nouveaux caractères favorisant l'adaptation à de nouvelles conditions, tout en rappelant que les termes ont une signification : sélection ne veut pas dire élimination. Quand on sélectionne les joueurs de l'équipe nationale de football, de handball ou autres, on ne supprime pas les autres joueurs qui constituent un vivier pour les rencontres à venir.

---

1. J.-P. Scoblic, « Apprendre du futur », *Harvard Business Review*, février-mars 2020 ; V. Govindarajan, « L'opportunisme planifié. Utiliser les signaux faibles pour innover. », *Harvard Business Review* 21, pp.42-49, juin-juillet 2017.

La part de télétravail

La part des activités de télétravail va de 0 à 100 % avec toutes les formes hybrides possibles et pouvant être aménagées au gré des circonstances (tâches, marchés, commandes, phases de développement d'un projet…). Dans le tableau ci-après, l'étude du MGI donne une estimation du nombre potentiel de jours de travail à distance sans perte de productivité par grands secteurs économiques et par pays.

Il apparaît que les pays les plus avancés admettent ou pourraient admettre une augmentation substantielle du travail à distance. C'est de l'ordre d'un tiers des activités contre un quart pour les pays dits (encore) émergents. Maintenant, si on se réfère aux données des deux premiers tableaux, le développement du travail à distance se trouve plus éligible dans les professions tenues par les personnes parmi les plus diplômées et qui disposent d'ores et déjà d'une mobilité et d'une adaptabilité les autorisant à exercer dans de multiples situations géographiques. Une mondialisation de fait qui ne s'apparente en rien à celle des décennies précédentes pour les moyens de production.

Les études citées méritent certainement des lectures plus serrées, notamment pour les données utilisées et les méthodologies choisies. Je renvoie à la publication de M. Sostero *et al.*[1] pour plus de précisions. Cependant, il apparaît que dans toutes ces études, on parle de *télétravail* au sens large, sans toujours préciser ce qui tient du travail à distance en général (*remote work*), du travail à distance connecté (*teleworking*) et du travail à domicile (*home par-*

1. *Op. cit.*

king), et sans regarder plus largement le développement et la diversification des formes de travail à distance. Si le travail à domicile implique de nombreuses adaptations spécifiques, il convient aussi de s'intéresser aux tâches toujours plus nombreuses faites à distance dans le cadre de la numérisation de l'économie dans les industries et les services.

Pourcentages des activités potentiellement éligibles pour le travail à distance dans différents pays[1]

Pays	Pas de télétravail	1 à 2 jours	3 à 5 jours
Allemagne	57 %	16 %	27 %
Royaume-Uni	52 %	22 %	26 %
États-Unis	61 %	17 %	22 %
Japon	61 %	17 %	22 %
France	59 %	19 %	20 %
Espagne	63 %	18 %	18 %
Mexique	74 %	11 %	15 %
Chine	79 %	10 %	11 %
Inde	79 %	15 %	6 %

Il convient donc d'inscrire le développement du télétravail dans le contexte des tâches effectuées à distance. Plusieurs situations doivent être distinguées :

- La proportion de télétravail qui peut se faire à domicile, à la fois potentiellement et théoriquement, ce que nous venons de voir. Parmi les tâches éligibles, quelles sont

1. D'après la figure 4 de S. Lund *et al.*, *op. cit.*

celles qui se feront avec gain de productivité, celles avec la même productivité et celles entraînant une perte de productivité mais assurant des bénéfices collatéraux à la fois pour les employés et/ou les entreprises ?

- Une évaluation prospective des tâches qui, pour l'heure, semblent encore peu susceptibles de se faire à distance dans plus de la moitié des métiers mais qui, déjà ou dans un proche avenir, connaîtront des évolutions avec des machines forcément connectées comme les robots, les robots collaboratifs, les assistants vocaux, les drones, les véhicules autonomes, les hologrammes, les jumeaux numériques, les réalités augmentées ou virtuelles, etc., avec toutes les formes d'intelligences artificielles « à la manœuvre ». Quelles seront les tâches dédiées aux humains, aux machines et aux collaborations humains/machines avec toutes les combinaisons imaginables ? On ne parle pas de remplacement mais de nouvelles tâches et de nouvelles compétences associant différents types de collaborations et d'intelligences[1].
- Le développement et la diversification de nouveaux métiers, un fait pas si nouveau que cela depuis plus d'une dizaine d'années, avec des personnes géographiquement dispersées, parfois sur toute la planète, et qui ne se rencontrent physiquement que quelques fois par an.

---

1. P. Picq, *L'intelligence artificielle et les chimpanzés du futur*, *op. cit.* ; J. Wilson et P.R. Daugherty, « Intelligence collaborative. Quand l'homme et la machine unissent leurs efforts. », *Harvard Business Review* 32 : pp. 94-104, avril-mai 2019.

Plus encore, les différentes catégories de tâches éligibles pour des activités à distance ne correspondent plus à la dichotomie « col bleus »/« cols blancs ». S'il est évident que les métiers exercés par des personnes diplômées proposent déjà une plus grande proportion de travail à distance, il s'agit de moyennes ne reflétant pas des réalités plus complexes. Les centres d'appels téléphoniques n'ont rien à voir avec les approches innovantes dites « de plateforme ». Les « *tuckers* » cliquant toute la journée pour collecter des données ou indexer des documents n'ont rien à voir avec les méthodes agiles... Les machines, les nouvelles machines, bousculent les métiers et leurs activités. Plutôt que de croire naïvement à la tarte à la crème écœurante du genre « les machines vont nous libérer du travail et surtout des tâches fastidieuses », comprenons qu'elles imposent toujours de nouvelles formes d'asservissement ou d'épanouissement. Pour reprendre une terminologie marxiste, chaque révolution technologique du travail génère son « lumpenprolétariat ».

Quelques exemples :

- les centres d'appels ou plateformes numériques de communication et les assistants vocaux ;
- les livraisons et les drones ;
- les transports et les véhicules autonomes ;
- les diagnostics médicaux en ligne (e-médecine) ;
- le stockage et la délivrance de marchandises par des robots dans les entrepôts et les ports ;
- la fabrication d'objets de toutes sortes et de toutes tailles et les robots collaboratifs (cobots) ;

- la modélisation 3D – réalités virtuelles et augmentées, capteurs, drones, engins connectés… – dans l'agriculture et le bâtiment (BIM), notamment ;
- le contrôle et la maintenance des chaînes de production (*supply chains*) ou des quartiers des villes (*smart cities*) avec des jumeaux numériques et l'intelligence artificielle…

Pour certains métiers, en médecine notamment, les machines augmentent les compétences ; pour d'autres, il y a remplacement pour les tâches simples et répétitives ; pour d'autres encore, cela permet d'assurer des tâches dans des milieux contraignants où les candidats se font plus rares, comme sur les plateformes pétrolières, les navires de fret…

Ce ne sont là que quelques exemples dont certains correspondent à des activités qui, dans les études consultées, apparaissent peu susceptibles de se faire à distance. L'agriculture et le bâtiment connaissent déjà des mutations numériques considérables. Les grandes exploitations minières sont parcourues par des engins gigantesques et sillonnées par des camions immenses sans pilote ; tout se fait numériquement, comme sur des rails pourrait-on dire, mais numériques et virtuels. Science-fiction ? Je rappelle que la science-fiction s'inspire le plus souvent que ce qui existe déjà dans les laboratoires de recherche ; ce qui n'enlève rien au génie des grands auteurs et cinéastes.

S'il ressort des différentes études qu'une partie des tâches existantes peut passer en télétravail sans perte de productivité, voire avec des gains de productivité, celles-ci ne représentent qu'une partie des transformations en cours des métiers et des tâches par la numérisation, sans oublier l'émergence de nouvelles activités économiques s'effectuant d'emblée en ligne. Comment nos sociétés vont-elles s'adapter et maintenir leur cohésion entre des métiers et des tâches qui ne peuvent se faire qu'en présentiel, les métiers dont une partie des tâches va se faire à distance et de nouveaux métiers inscrits d'emblée dans la logique des exécutions et des collaborations à distance ? Nul doute que nos sociétés s'engagent dans de profondes transformations, ce qui fait l'objet du prochain chapitre.

Le travail à domicile s'inscrit dans une tendance plus large du travail à distance. Cependant, si le travail dans des lieux autres que ceux de l'entreprise ou effectués au cours de déplacements dans les divers moyens de transport, le travail à domicile implique une concordance des lieux et des temps qui trouble la séparation des activités privées et professionnelles. À partir de là, on touche à des questions de sociologie (pour les professions plus occupées, par exemple, par les femmes ou les hommes) et d'anthropologie (pour la répartition des tâches et des obligations de la vie familiale ou privée). L'évolution vers plus de travail à distance ne se réduit pas qu'à des questions d'organisation liées aux seules exécutions des tâches et leurs considérations techniques, organisationnelles et productivistes. Les modes de management et les ressources humaines s'ouvrent sur des problématiques plus sociologiques et anthropologiques. Les notions de « sens » et d'« humain », par trop galvaudées jusqu'il y a peu, se retrouvent plus que jamais au cœur des transformations à venir. Comme pour les transformations numériques, les entreprises déjà engagées dans une transformation culturelle impliquant à la fois des adaptations techniques et anthropologiques deviennent actrices d'une nouvelle écologie entrepreneuriale.

Il ressort des études consultées un constat anthropologique rarement souligné : comment les différences culturelles entre catégories sociales, entre groupes éthiques et culturels, entre pays ou entre grande régions du monde entravent ou favorisent le travail à distance, dont le travail à domicile ? Face au changement et à ses incertitudes, les personnes s'appuient sur leurs fondements culturels et, plus largement, sur les fondements éthologiques qui amènent les personnes à appréhender ces changements soient comme des contraintes soit comme des opportunités.

Le travail à distance après la pandémie

Après un an de pandémie, de multiples enquêtes sur l'expérience du télétravail dans le monde mettent en exergue des tendances générales déjà amorcées, mais pas encore dominantes. Les études sur le « futur du travail » ou les « entreprises du futur » se comptent par centaines. Les sujets d'approche ne manquent pas : les aspirations des jeunes générations pour l'équilibre vie privée/vie professionnelle ; les questions des discriminations ; les problématiques de responsabilité sociale et environnementale (RSE) ; celles des systèmes de valeurs partagées ; celles de la responsabilité sociale et technologique (TSR) ou innovation inclusive ; les transformations dues à l'arrivée des machines intelligentes, le « second âge des machines » ; les nouvelles organisations du travail ; les différentes formes de collaborations au sein de l'entreprises, avec les autres entreprises et avec les clients ; les évolutions des villes[1] et, plus globalement mais localement important, les changement sociétaux et environnementaux comme le climat[2] et les enjeux de la biodiversité[3]. En d'autres termes, le rôle des entreprises dans la société ne se limite plus à créer des emplois et à produire de la richesse, comme indiqué par le désormais très insuffisant indice du PIB, mais à s'engager dans des enjeux de société et d'environnement. Une évolution déjà en cours qui s'articule, comme pour les espèces, aux interactions entre ses facteurs adaptatifs endogènes et aux facteurs exogènes de l'environnement, ce qui vaut aussi pour nos sociétés. Ce sont les entreprises et leurs innovations qui marquent les évolutions de nos sociétés depuis deux siècles ; de ce fait, elles en deviennent coresponsables.

Retour d'expériences

Le premier retour d'expériences révèle que de très nombreuses personnes rechignent à retourner au bureau ou, plus largement, sur leur lieu habituel de travail. Bien que cela ne concerne pas toutes les personnes, de multiples raisons l'expliquent, à la fois d'ordre personnel et professionnel. Il en va de même du côté des entreprises qui, les unes ou les autres, à la fois en fonction de leur domaine d'activité ou pour certaines activités, cherchent soit à encourager le travail à distance soit à le limiter, voire exigent que toutes les tâches se fassent en présentiel.

1. P. Picq, *S'adapter ou périr. La ville doit choisir*, *op. cit.*
2. GIEC ; rapports Nicholas Stern et études des organismes internationaux.
3. IPBS ; rapport de Partha Dasgupta, « The Economics of Biodiversity », février 2021.

S'il ne fait aucun doute que les entreprises engagées dans les économies de la connaissance, du numérique et des données semblent plus susceptibles de favoriser le travail à distance, certaines ont décidé de développer au maximum, voire totalement, toutes leurs activités à distance tandis que d'autres, et pas des moindres, privilégient des lieux de travail favorisant les rencontre formelles et fortuites, entre autres raisons. Par ailleurs, il serait tout aussi faux de penser qu'une partie des tâches des métiers fortement marqués par des activités en présentiel, comme pour les sites de production, ne seraient pas susceptible d'évoluer vers plus de tâches à distance avec le développement de l'automation, de la robotisation, des modèles et des avatars numériques, ou encore des formes de réalités augmentées ou virtuelles. Et inversement, il y a toutes ces nouvelles entreprises qui se créent d'emblée sur des réseaux d'activités en ligne et à distance et qui, quant à elles, se posent la question de la nécessité d'organiser des rencontres pour, a minima, s'assurer d'une cohésion culturelle et professionnelle. En des termes plus naturalistes, une nouvelle écologie des métiers, des activités et des tâches émerge à l'échelle mondiale. Les unes se trouvent confrontées à des transformations centrifuges, les autres à des obligations centripètes.

Avantages et inconvénients du travail à distance pour les personnes et les entreprises

Personnes	
Avantages	**Inconvénients**
Équilibre vie privée/vie professionnelle	Confusion temps de travail/privé
Gestion indépendante du temps	Invasion du travail dans la vie privée

Personnes	
Avantages	**Inconvénients**
Flexibilité géographique	Sentiment d'isolement
Suivre un conjoint mobile	Surcharge des horaires
Plus d'indépendance	Sur ou sous-estimation de ses capacités
Moins de transports	Sentiment de contrôle à distance
Temps pour les enfants	Impression de ne plus être considéré
Temps pour les loisirs, le sport, les courses…	Appréciation par rapport aux collègues en présentiel Manque de soutien, conseil, mentorat Surévaluation, rémunération, promotion, orientation de l'entreprise Protection sur les droits du travail Conditions de travail médiocres (pièce, connexion, ergonomie
Entreprises	
Avantages	**Inconvénients**
Réduction du coût de l'immobilier	Cohérence de la culture de l'entreprise
Réduction des frais de transport	Réunions pour l'innovation/projets
Plus de productivité	Moins d'échanges d'informations
Plus d'engagement des personnes	Intégration des nouveaux entrants
Mieux-être/meilleure santé	Turnover – moins de fidélité
Moins d'absentéisme/congés maladie	Sécurité/protection des données
Capter des talents partout dans le monde	Qualité, suivi relations clients
Moins d'autorisations pour les visas	Cohésion entre les employés en présentiel et en télétravail ou hybrides

Travail à distance : du côté des personnes

Le basculement soudain dans le télétravail arrive après plusieurs années de changements autour des lieux de travail, des bureaux, de leurs aménagements, de leurs modularités avec des modes comme les « open space » et d'autres plus ou moins ouverts, fermés, transformables, etc., sans oublier des aménagements de temps de repos, parfois de sieste, de méditation, de jeux… et selon les entreprises et leurs activités, la mise à disposition de crèches privées et de conciergeries. Tout cela s'ajoute aux plus traditionnelles machines à cafés et aux salles de restauration. En un mot, de plus en plus de contraintes ou plus largement d'activités de l'ordre de la vie privée s'installaient dans les entreprises. La pandémie, le confinement et le télétravail inversent d'un coup cette tendance avec, en toile de fond, toutes les réflexions et les études sur le bien-être au travail, voire le bonheur au travail. Un brusque retournement qui pose la question du bonheur et du travail à la maison.

Le travail à distance présente de nombreux avantages pour les personnes, mais quels avantages et pour quelles activités ? Plus largement, en un quart de siècle, les tâches qui se font *via* un ordinateur et des écrans ne cessent de devenir de plus en plus importantes. La question devient : quelles sont les activités qui, de nous jours, ne se font pas devant un ordinateur, sans oublier tous les nouveaux métiers du numérique dont beaucoup s'exercent d'emblée à distance ?

Opinion des personnes sur les avantages du télétravail, tels que perçus en 2013[1]

Horaires flexibles	81 %
Réduction des temps de transport	72 %
Moins de perturbations dans le travail	64 %
Plus de productivité et d'efficacité	63 %
Meilleur équilibre vie privée/professionnelle	55 %
Élargir les collaborations	47 %
Réduire les jours de maladie	34 %
Pas d'obligation de se relocaliser	30 %
Autres	7 %

Le tableau ci-dessus montre les avantages que les personnes perçoivent dans un premier temps du télétravail. Puis arrive l'expérience de la pandémie qui, sur la durée, voit s'affirmer les contraintes[2].

Pour de nombreuses personnes, l'expérience non préparée du travail à distance cumule plusieurs avantages. Sans perte de productivité et même avec des gains de productivité, elle se réjouissent de plus d'autonomie, d'un meilleur équilibre vie professionnelle/vie privée, de moins de perte de temps dans les transports, moins de stress, plus de temps pour les enfants ou d'autres activités culturelles, sportives, sociales… Néanmoins, ce n'est pas le cas pour tout le

1. Les personnes y voient les avantages, mais l'expérience de la pandémie a rapidement mis en évidence les inconvénients pour les personnes comme pour les entreprises : A.J. Kluger, « The work from home debate : do litigators need to be in the office ? », Kluger Kaplan, 25 mars 2013.

2. R. Harfoush, « Télétravailleurs à l'épreuve de la durée : comment leur venir en aide ? », www.habrfrance/expert/rahaf-Harfoush, 2 mars 2021.

monde, loin s'en faut. Il convient de bien distinguer trois phases dans cette expérience.

La première, sans préparation, brutale, propose des avantages dans un premiers temps. Les inconvénients restent contenus et comptent moins que les avantages. Quand l'expérience se prolonge, plusieurs inconvénients deviennent plus prégnants, comme une pièce ou un lieu serein pour travailler, des conditions de confort et d'ergonomie – position de l'ordinateur, fauteuil, qualité des connexions… Ces aspects ne s'imposent pas de la même façon pour des célibataires, des couples sans enfants, d'autres avec enfants, ou pour des séniors. Ce qui était de l'ordre du bricolage dans un premier temps ne peut se perpétuer sans une organisation adéquate à plus long terme, même pour les tempéraments les plus résilients. C'est évidemment en ce sens que le premier confinement propose une expérience à l'échelle de toute la société qui, entre le tout télétravail mal pensé et le tout présentiel imposé, permettra d'inventer de nouvelles organisations du travail.

Les managers et les cadres qui n'ont pas d'enfants ou qui ont de grands enfants oublient ce que c'est que de vivre avec de plus jeunes enfants, surtout dans des habitats plus restreints, situation encore plus inconfortable si les deux parents travaillent. Il faut partager les espaces et aussi les réseaux, surtout avec des adolescents… Pour de nombreuses familles, l'expérience du confinement n'a pas été épanouissante. D'autres, au contraire, ont réinventé le plaisir de vivre ensemble, de se « retrouver » comme on dit.

Plus largement, la personnalité des individus intervient, certaines heureuses de sortir des obligations multiples des lieux de travail tandis que d'autres éprouvent un vrai manque de relations sociales. Depuis quelques décennies, une grande tendance vise à faire des lieux de travail des endroits de bien-être, de convivialité, d'échanges, comme les entreprises adhérant à des campagnes de classement du genre « *great place to work* » ou autres. Il est évident que les juniors ne s'investissent pas de la même façon que les parents avec des enfants ou encore les séniors dégagés de ces obligations. Les rapports entre le travail, la vie sociale et les loisirs reposent sur des opportunités et des besoins très différents, ce qui n'est pas nouveau, certes, mais va se diversifier avec la réduction inéluctable du travail sur des lieux concentrant toutes les activités et des horaires identiques pour tous.

Quelques études pré-Covid sur le travail à domicile montrent que les personnes alignent plus d'heures de travail, notamment le soir et le week-end. Pour plus d'un quart d'entre elles, c'est en réponse aux demandes croissantes du management, ce qui ne va pas sans poser des problèmes de burn-out ou de sous-estimation de soi et de ses capacités. Après l'expérience du confinement, une forte majorité de personnes – 88 % – se plaignent de problèmes de santé et de stabilité. Une proportion presque aussi importante de personnes regrette le manque de conseils pour organiser leur télétravail à domicile et le manque de management adéquat. En des termes évolutionnistes, le passage au télétravail ne peut pas se faire par simple exaptation : la simple transposition des tâches effectuées *in situ* et en présentiel au domicile.

Le télétravail constitue une ingérence souvent violente dans la vie domestique. Le ou les parents sont là physiquement, mais indisponibles. Plus encore, l'entourage découvre une partie des relations professionnelles, avec ce qu'elles peuvent avoir de valorisant ou de dévalorisant. Travailler chez soi exige une très grande maîtrise, surtout si les contraintes s'invitent au travers des écrans et des haut-parleurs, introduisant du stress psychologique. Les dérives de trop d'entreprises avec des usages abusifs de cadres envers leurs collaborateurs *via* les réseaux, sans aucune considération de leur vie privée, ne datent pas du confinement, comme l'ont souligné plusieurs responsables syndicaux. En fait, nul besoin de nouvelle lois ou réglementations, elles existent pour certains depuis plus de deux décennies. C'est encore une question de culture de l'entreprise, plus macaque ou plus chimpanzé.

À partir de plus de trois jours de télétravail hebdomadaires peut se développer le sentiment de distanciation des liens professionnels et sociaux avec l'entreprise. Comment mon travail est-il apprécié ? Comment suis-je évalué par mes collègues, mes subordonnés, mes encadrants… ? Est-ce que de nouvelles activités m'échappent comme de nouvelles relations clients, de nouvelles formes de collaboration, de nouveaux projets… ? Est-ce que, finalement, je ne suis pas désavantagé pour mon avancement et ma rémunération ? Si je ne fais que des tâches à distance, ne sont-elles pas les moins intéressantes, voire susceptibles pour certaines d'êtres accaparées par des machines ? Voire attribuées à des travailleurs délocalisés ailleurs dans le monde avec les mêmes compétences mais aux rémunérations plus faibles ? Suis-je évalué, apprécié de la même façon que les collègues en présentiel ? Ne suis-je pas en train de passer à côté des nouvelles orientations et des nouveaux projets de l'entreprise ? Et finalement, qui sont les nouveaux, celles et ceux qui arrivent, qui partent… ? Toutes ces questions finissent par émerger, même pour les plus à l'aise avec le travail à distance, avec des incertitudes sur ses compétences et l'estimation de son travail, avec des risques de burn-out, de dépression ou autre. Beaucoup de paramètres psychologiques, anthropologiques et éthologiques qui prennent une ampleur considérable pour le management et les ressources humaines.

La pandémie, les confinements, les restrictions de toutes sortes offrent une expérience inattendue qui requiert des analyses beaucoup plus riches et complexes que ce qu'on a pu en lire ou entendre jusqu'à présent. D'un point de vue anthropologique et éthologique, nous avons tous ressenti le manque de contacts physiques et sociaux. Je rappelle que si les singes, les grands singes et les humains ont un si gros cerveau, c'est avant tout pour l'intensité de leurs relations sociales, ce qu'on appelle le « cerveau social ». Comme déjà souligné, l'épouillage, que ce soit dans ses formes tactiles, vocales ou parlées, est au cœur de ces relations sociales.

Travail à distance : du côté des entreprises

Nous avons évoqué les réaménagements très tendances des bureaux au cours des deux dernières décennies, comme les « open space » et autres quêtes d'utopies de l'organisation du travail[1], qui, il faut en convenir, n'ont pas eu que des conséquences positives pour les employés, ni pour l'innovation ou la productivité. À côté de toutes ces expériences pour améliorer les conditions de travail dans les bureaux,

1. B. Westfall, S. Mokrani, « L'open space est mort, vive les espaces de travail alternatifs », Capterra, 14 mars 2019.

il y avait déjà de nombreuses autres expériences de travail à distance rendue possibles par les technologies de l'information et de la communication, comme des centre dédiés et ouvert à des formes de travail collaboratif[1].

Parmi les multiples raisons, une ignorance des fondements éthologiques des groupes humains. C'est là un travers récurrent des théoriciens du travail comme de la ville, par exemple, qui décident des besoins des autres sans connaissance de nos fondements éthologiques et anthropologiques. Comme nous le verrons, ce sont certainement parmi les sociétés de chimpanzés et la diversité des groupes ethniques qu'il faut aller chercher des expériences avec des activités de fusion et de fission entre des individus dans des groupes maintenant leur identité et leur cohésion.

Une enquête menée par l'ANDRH (Association nationale des DRH) et le BCG (Boston Consulting Group) auprès de plus de 400 DRH dresse un bilan des expériences du travail à domicile après le premier confinement assorti de quelques éléments de prospective[2].

La majorité des DRH ayant participé à cette enquête exercent dans des entreprises de plus de 300 salariés, principalement dans les secteurs de la finance, des assurances, du conseil mais aussi de l'industrie. Beaucoup de participation du côté des professions du commerce et de la distribution ou de celles du domaine médical ou sanitaire. Très peu pour le secteur du bâtiment ou de l'enseignement. Cela se comprend par la taille et les

1. « The workers are revolting... but in a good way », www.nbnco.com, 8 juillet 2015.

2. « Le télétravail post-covid vu par les DRH », ANDRH, 19 juin 2020.

activités de ces entreprises et signifie aussi que le télétravail, comme déjà évoqué, ne présente pas les mêmes opportunités dans tous les secteurs économiques. Ajoutons cependant de nombreuses activités réalisables à distance dans l'enseignement ou la distribution concernant des structures qui n'ont pas de DRH. Il en va de même pour les petites entreprises et les start-up qui, comme on l'a vu, opèrent dans les domaines de l'informatique et des données. Cette enquête concerne principalement des entreprises assez grandes pour avoir une direction des ressources humaines et qui sont incluses dans les secteurs mentionnés. Mais par leur importance dans le tissu économique et social, elles expriment les tendances à venir.

Ainsi, avant le confinement, environ 10 % des employés travaillaient à distance rarement ou occasionnellement. Puis, d'un coup, c'est plus des deux tiers qui effectuent la moitié ou plus de leurs tâches à distance pendant le confinement. En ce qui concerne les heures de télétravail, on note une inversion complète, passant de moins de 20 % à plus de 80 %. Pour la majorité des DRH, il ne fait aucun doute que le travail à distance, dont à domicile, va se développer très significativement. En effet, la part des activités en télétravail a plus que doublé, voir triplé dans tous les secteurs des entreprises. S'il ne fait aussi aucun doute que le balancier va redescendre, il ne fait pas moins aucun doute qu'il ne reviendra pas dans la position pré-Covid. Donc, plus de personnes en télétravail et avec plus de tâches à effectuer. Les entreprises se dirigent vers des modèles hybrides, ces hybridations adoptant elles-mêmes un large spectre entre le nombre de jours consécutifs ou fragmentés de travail à distance ou encore des semaines complètes en télétravail et d'autres en présentiel, etc. Des changements considérables dans l'organisation du travail, avec de nouvelles adaptations et, évidemment, de nouveaux compromis entre les avantages et les inconvénients pour les employés, les managers, les ressources humaines et les dirigeants.

Toujours d'après les DRH ayant participé à cette étude, ces organisations hybrides répondront mieux aux attentes des collaborateurs de l'entreprise tout en proposant plus d'attractivité pour des entrants. S'ajoutent à cela des gains de productivité. Le recours à des personnes plus qualifiées à distance et de façon plus flexible ne compte pas parmi les principaux avantages évoqués. D'une part, parce que les personnes hautement qualifiées et mandatées par mission travaillent déjà de cette façon et que, d'autre part, aller chercher des personnes avec des exigences moindres en termes de rémunération risque de nuire à la productivité à cause d'une moindre maîtrise technique des tâches, les problèmes de formation et le manque de cohésion collective. Les avantages concernant les temps de transport, une diminution de l'empreinte carbone, la réduction de l'immobilier de bureau ne figurent pas dans les principaux avantages identifiés par les DRH ; ce qui n'est pas forcément le cas pour les responsables des actifs financiers et immobiliers. Enfin, tous ces critères s'évaluent aussi à l'aulne des politiques RSE des entreprises. Plus largement, et par-delà les attentes et les désirs des collaborateurs, les DRH soulignent combien ces transformations hybrides impliquent avant tout de profondes adaptations des pratiques managériales et RH de leurs entreprises.

Les DRH, et plus largement les managers et les cadres dirigeants, s'accordent, dans toutes les études consultées, sur la nécessité de faire évoluer leurs pratiques. En des termes plus éthologiques, de passer rapidement de la prévalence de nos modèles culturels plus macaques que chimpanzés. Par-delà les travers culturels et organisationnels, l'augmentation des formes de travail à distance comme les nouveaux types de collaboration impliquent des processus de fusion/fission, de délégations de compétences, de reconnaissance des contributions individuelles, de formes alternatives de leadership, d'autonomie, de responsabilité, d'autoévaluation, d'évaluations entre collègues… Pour les sociétés humaines et les entreprises, cela requiert un virage anthropologique sur les questions d'humain et de sens. Ces deux termes ne cessent d'être scandés *ad nauseum* dans les conventions et les séminaires ; cette fois, on passe des incantations à l'adaptation. Plus explicitement, on passe des propos lénifiants dignes de la méthode Coué pour que les collaborateurs acceptent plus facilement ce qui leur est imposé à une véritable transformation anthropologique vers la recherche de consentement et d'objectifs partagés. Il est grand temps que les anthropologues et les éthologues trouvent leur place dans l'imaginaire des DRH qui ne se tournent que vers les psychologues, les sociologues et les philosophes, cette remarque ne niant pas l'importance de leurs compétences au cours de cette période de transformation.

Les DRH consultés soulignent les transformations managériales devenant prépondérantes pour les organisations à venir avec plus de travail à distance. Si les sujets identifiés s'inscrivent dans des objectifs identifiés depuis deux décennies dans le cadre de l'économie d'innovation, la digitalisation et l'automation, ils apparaissent beaucoup plus saillants comme en témoigne l'importance qu'ils ont prise entre septembre 2919 et juillet 2020.

Tableau donnant les avis des DRH sur les grandes tendances à développer dans les entreprises[1]

	2019	2020		
	Moyenne	Très important	Important	Total
Donner du sens et motiver	60 %	82 %	14 %	96 %
Augmenter les compétences et donner des feedback	42 %	65 %	30 %	95 %
Objectifs clairs et atteignables	44 %	62 %	31 %	93 %
Expliquer les objectifs de la direction et en relation entre services	31 %	61 %	33 %	94 %
Atténuer les obstacles et faciliter	44 %	56 %	37 %	93 %
Déléguer	16 %	51 %	40 %	90 %
Prendre les décisions	40 %	42 %	42 %	84 %
Contrôler et évaluer le travail effectué	16 %	32 %	48 %	80 %
Communiquer sur les contraintes financières et administratives	7 %	26 %	47 %	73 %

1. La première colonne indique les pourcentages moyens en 2019, à comparer avec les moyennes des opinions exprimées seulement un an après, en 2020, dans la dernière colonne. La quatrième colonne additionne à la fois les avis qui disent que la tendance est soit très importante – deuxième colonne – soit importante – troisième colonne. Donc, en un an, une évolution quantitative et qualitative très significative.

Beaucoup de sujets importants, et il y en a d'autres. Par exemple, le consentement, les initiatives bottom-up, les évaluations individuelles mais aussi collectives et globales… Autrement dit, on perçoit bien des défis pour le management et les cadres dirigeants, mais, en tout cas dans cette enquête et même si elle ne concerne que les DRH et leur sphère de compétences, pas de mention de la façon dont les employés pourraient contribuer aux transformations des tâches et même des projets. J'ignore si c'est la présentation des questions posées aux DRH qui cause ce biais, mais la suite des rubriques « donner du sens et motiver » ; « faire monter les compétences des personnes » ; « fixer des objectifs clairs et atteignables à chacun » ; « assumer et expliquer les décisions de la direction » ; « prendre des décisions et trancher » ; « contrôler et évaluer » procèdent de directives venant du haut et leur réalisation par l'encadrement. Faut-il comprendre que le développement du travail à distance, susceptible de répondre à la satisfaction des collaborateurs comme à l'attractivité de leur emploi, n'implique pas leur participation à l'organisation plus générale de l'entreprise et de leur consentement à ces changements ? En d'autres termes, des arrangements et des accords à partir des schémas de transformation imposés par l'entreprise, mais pas de collaboration sur la définition des nouvelles organisations du travail à partir de leurs compétences et de leurs expériences ; toujours la différence entre les macaques et les chimpanzés.

Des tâches et des compétences

Les enquêtes sur les inconvénients du travail à distance font ressortir les mêmes inquiétudes. Parmi les principales du côté des entreprises, les risques de régression des interactions sociales et professionnelles entre les personnes et, plus largement, avec l'entreprise. Autre crainte, celle d'une tendance à la dichotomie entre les personnes en présentiel et celles travaillant à distance. Une des conséquences potentiellement négatives émergerait dans les difficultés à résoudre les problèmes complexes. Donc, à la fois un problème de culture et d'adaptabilité. Du côté des personnes, le délitement des liens d'appartenance à l'entreprise risque de provoquer des troubles psycho-sociaux, une perte de productivité et de motivation et, finalement, de turnover. Mais est-ce aussi évident ? Certainement pas. Dans le prolongement des remarques précédentes, ces risques dépendent avant tout des métiers et des tâches.

La question de la résolution de problèmes complexes recouvre plusieurs fonctions de l'entreprise, comme autour de l'innovation, qu'elle soit technologique, managériale ou autre, ou encore les problématiques de la RSE, par exemple. Encore une fois, sortir du schéma linéaire descendant entre la conception et la réalisation qui marque la condition « de l'homme moderne » fustigée par Charlie Chaplin ou Hannah Arendt. C'est bien là que se situe la question du sens et de l'humain.

Si une entreprise a intégré les méthodes dites agiles ou de *design thinking*, ses routines mobilisent les personnes compétentes ou intéressées par un mode projet. Le sens est consubstantiel à la réalisation. Cependant, une fois le projet défini, les questions de production et autres ne requièrent pas forcément les mêmes approches avec leurs exigences de productivité, de qualité, de stockage, de marketing, de distribution, de relations clients… sachant que tous les secteurs de l'entreprise admettent des approches suscitant les suggestions et les initiatives des collaborateurs. Cela dépend moins des secteurs d'activité que de la culture des entreprises.

En forçant un peu le trait, surtout pour un anthropologue, quand un projet de changement se présente dans une entreprise de culture très française, on évalue d'abord tous les inconvénients avant de se lancer – c'est l'essence du principe de précaution vu sous l'angle des pertes. Dans le monde anglo-saxon, on y va et on règle les problèmes au fur et à mesure. Au Japon, les méthodologies dites kaisen ou kaban procèdent d'un consentement initial à partir des compétences et des idées des collaborateurs, puis arrive la phase d'exécution. Si on arrive dans les usines dans la phase de production, on a l'impression, selon l'expression stupide propre à l'arrogance de notre culture vis-à-vis des autres, que les Japonais sont des fourmis. Rien de plus faux car cela part d'un processus de décision collective, ce que font très bien les insectes sociaux, les babouins entre autres, contrairement à l'humain et ses travers hiérarchiques et autoritaires. Comment sortir culturellement de notre tropisme napoléonien[1] ?

Revenons à la résolution de problèmes complexes. Les entreprises européennes se montrent très en retard sur les méthodes d'innovation ou de résolution de problèmes dites de plateforme. Pourtant, ces approches proposent le plus souvent des solutions plus innovantes, plus originales,

1. E. Meyer, *La carte des différences culturelles*, Éditions Diateino, 2016 ; « Diversité et myopie », *Harvard Business Review* 25, p. 12, février-mars 2018.

plus efficaces et plus économiques que les autres[1]. D'après une étude du World Economical Forum, trois quarts des investissements sur les stratégies de plateformes concernent des entreprises américaines, près de 20 % pour les entreprises chinoises et le reste pour l'Europe[2]. Encore une question de culture. Les entreprises qui, d'emblée, admettent que tous les collaborateurs sont susceptibles de proposer des idées auront peu ou pas de difficultés pour inventer de nouvelles organisations du travail. D'un point de vue éthologique, les entreprises qui pratiquent des modes de management de type fusion/fission s'adapteront sans difficulté à des organisations hybrides, ce qui exige – et il faut vraiment insister sur ce point – de comprendre que les collaborateurs ont des compétences utiles pour les adaptations à venir, ces compétences souvent négligées par l'encadrement mais aussi par eux-mêmes ; c'est le *paradoxe de Polanyi* (Michael, pas Karl).

Ce paradoxe énonce le fait que les personnes ont plus de compétences qu'elles n'arrivent à l'exprimer. Ce paradoxe énoncé il y a plus d'un demi-siècle redevient d'actualité dans le contexte des transformations des tâches avec les machines, notamment les machines intelligentes et apprenantes du deuxième âge des machines mues par l'intelligence artificielle. Même pour les machines actuelles les plus complexes, il reste qu'elles se cantonnent à des tâches bien définies – adaptabilité limitée ou contrainte – tandis que les humains se montrent capables

1. E. Brynjolfsson, A. McAfee, *Des machines, des plateformes et des foules*, Odile Jacob, 2018.
2. *The Innovator* (*Les Échos*), « The plateform economy », 9 janvier 2019.

de réaliser de nouvelles tâches sans se douter de leurs aptitudes – adaptabilité étendue. Du point de vue de l'évolution, les humains disposent de capacités cognitives qui leur permettent de s'adapter à de nouvelles situations, celles-ci survenant de manière inattendue, parfois brutale comme la pandémie de la Covid-19 et, aussi, à l'émergence de nouvelles situations dues aux activités humaines, ce qu'on appelle la coévolution. Une caractéristique de l'évolution humaine est de co-évoluer avec les changements d'environnements naturels – comme les autres espèces – et aussi avec les changements techniques, sociaux et culturels provenant des activités humaines[1]. Présentement, nous sommes confrontés à ces deux défis pour nos entreprises.

Ce changement anthropologique s'exprime par une évolution de l'organisation du travail privilégiant plus d'autonomie et plus de transparence. Il doit aussi favoriser plus de collaboration au sein des équipes et entre les équipes. Dans cette phase de transformation, les différentes équipes expérimentent, testent des solutions, en éliminent d'autres… Une règle empirique de l'évolution dicte que les innovations émergent le plus souvent à la périphérie. Pourquoi ? Parce que les populations en périphérie se trouvent dans des conditions autres ou limites de l'adaptabilité d'une espèce et, par conséquent, leurs adaptations et leur survie passe par des solutions originales. Pour des entreprises de grande taille, cela oblige à échanger sur les bonnes pratiques entre les différentes équipes, qui peuvent s'appliquer ou non, ou être modifiées. En plus, cela

1. P. Picq, *Sapiens face à Sapiens*, *op. cit.*

favorise les échanges d'informations, les relations sociales et contribue à consolider la culture de l'entreprise[1].

Il s'agit bien de cela quand les DRH et les managers plaident pour plus d'autonomie individuelle, plus de transparence sur l'accomplissement des tâches, les équipes en mode projet, les approches de plateforme… Comment organiser des compétences reconnues existant déjà qui ne se rencontraient pas ou peu ? Comment augmenter les compétences, notamment par la formation ? Comment faire s'exprimer des compétences non mobilisées jusque-là ? Comment former aux nouvelles formes de travail et de collaboration avec plus de flexibilité et d'adaptabilité ? Tout cela n'est pas nouveau, mais va prendre une toute autre ampleur à la suite de la pandémie et avec le développement des formes de travail à distance. Plus précisément, au cours de la pandémie, plus d'un quart des entreprises ont saisi les opportunités d'expérimenter des formes de travail, certes connues, mais pas suffisamment développées, en se félicitant de plus d'engagement de la part des collaborateurs et des gains de productivité. Une expérience doublement précieuse, à la fois pour l'adaptation des entreprises à la période post-Covid, qui ne sera jamais plus comme avant – les Anglo-Saxons parlent de « *new normal* » ou nouvelle normalité – et au travail à distance.

---

1. T. Cascario *et al.*, « S'organiser en silos transversaux », *Harvard Business Review*, hors-série décembre 2019-janvier 2020 ; G. Hamel et M. Zanni, « Tirer profit du génie quotidien. Comment Michelin donne à ses équipes de première ligne la capacité de changer les choses », *Harvard Business Review*, 42, p. 88-98, décembre 2010-juin 2021. D'un point de vue anthropologique, Michelin joue sur tous les registres du modèle chimpanzés idéal ; S. Tawil, « Après six mois de crise : réflexions sur les efforts internationaux déployés pour assurer la continuité de l'apprentissage grâce aux technologies », UNESO, 2020.

Vers une responsabilité sociale et technique étendue

Nous venons de distinguer ce qui touche à l'évolution de l'organisation du travail et des tâches au sein de l'entreprise et ses implications pour le travail à distance, donc hors des locaux de l'entreprise. Il n'est pas évident que toutes ces transformations aillent de pair. Cela dépend des entreprises, de leur taille, de leurs secteurs d'activités… Par exemple, les méthodes agiles, le *lean management*, le *design thinking* répondent à des objectifs bien définis. Le management, comme toutes les affaires humaines, se laisse parfois trop influencer par des effets de mode. Si ces méthodes se montrent très efficaces pour l'innovation, la création de nouveaux marchés ou encore les relations centrées client (CRM), le sont-elles sur des marchés déjà existants avec des attentes clients connues où prévaut la productivité et les innovations incrémentales ? En pharmacologie par exemple, secteur très actif en la circonstance, les entreprises ne déploient pas les mêmes méthodes si elles doivent inventer des vaccins ou seulement les produire, respectivement approche innovatrice chimpanzé *versus* approche productiviste macaque.

Tout comme les diverses méthodes de management ne s'appliquent pas à toutes les entreprises ou à certains secteurs de leurs activités, il ne saurait en être autrement pour le travail à distance. Dans un article récent, J. Bughin et E. Hazan[1] distinguent quatre typologies

1. J. Bughin et E. Hazan, « Can artificial Intelligence help Society as much as it helps business ? », *McKinsey Quaterly*, août 2019.

d'entreprises : les conservatrices, les réactives, les proactives et les innovantes[1].

- Les *entreprises conservatrices* s'appuient sur la réduction des coûts de production et de personnel. Dans ce cas, le télétravail concerne des tâches précises et parfaitement planifiées. Leur isolement risque de leur imposer des contraintes de production, d'horaires et de contrôles de plus en plus stressantes. Il n'y a pas d'innovation, seulement un changement de lieu de travail.
- Les *entreprises réactives* s'efforcent de s'adapter aux changements qu'elles subissent, comme pendant la pandémie. Elles tentent de mettre en place des solutions, dont le travail à distance, pour s'adapter au mieux aux nouvelles circonstances. Il y a innovation pour définir la meilleure adaptation possible. Une fois établie, plus de changement, si ce n'est incrémental, en attendant la prochaine crise. Rien de plus lamarckien.
- Les *entreprises proactives* observent une dynamique multipliant les expériences pour l'organisation du travail. Certaines s'avèrent plus efficaces dans certaines circonstances, d'autres existent sous forme d'expérimentation ou encore d'autres ont déjà été déployées, mais sont devenues moins importantes. La proactivité consiste à produire constamment un éventail de solutions potentielles pour mieux répondre à des changements soudains, et inattendus, du marché, de la société

---

1. Les deux premières appartiennent à la catégorie des entreprises lamarckiennes ; les deux autres à la catégorie des entreprises darwiniennes ; voir *Un paléoanthropologue dans l'entreprise*, *op. cit.* et M. Reeves *et al.*, « L'entreprise auto-adaptative », *Harvard Business Review*, novembre 2016.

ou de l'environnement. Ces entreprises développent et stimulent une culture de l'innovation mobilisant ce qu'on appelle encore les nouvelles formes de management de l'innovation : *lean*, *design thinking*, agile… Les collaborateurs ont l'habitude de travailler à distance et de façon modulaire. Le développement du télétravail ne change pas grand-chose à leur culture. Rien de plus darwinien.

- Les *entreprises innovantes* agissent en lançant des innovations qui bousculent et surtout créent de nouveaux marchés. C'est le cas des géants du numérique qui sortent grands gagnants de la pandémie. Ils innovent en proposant des services, des produits, de nouveaux besoins et, rapidement, créent de nouveaux marchés qu'ils dominent massivement. Encore plus que les précédentes, elles mobilisent toutes les formes de management de l'innovation au sein de l'entreprise et aussi sur les réseaux[1]. De nombreuses entreprises de ce type fonctionnent avec des collaborateurs dispersés partout dans le monde. Elles se créent, d'emblée, comme beaucoup de start-up, sur des collaborations à distance et en réseaux.

Au fil de ces quatre typologies d'entreprises, on est passé d'économie de l'équilibre des marchés, puis à l'économie de la demande, ensuite à l'économie de l'innovation et à l'économie de rupture.

Comme pour les secteurs d'activités, les entreprises sont plus ou moins susceptibles de passer à plus de travail à

1. R. Hasting, E. Meyer, *La règle ? Pas de règles ! Netflix et la culture de la réinvention*, Buchet-Chastel, 2021.

distance selon leur typologie. Par ailleurs, et quels que soient le secteur économique et le type d'entreprise, les personnes les plus qualifiées et surtout les plus diplômées sont les plus susceptibles de se convertir au travail à distance : quête de données et de connaissances, habitudes de travail et de collaboration, maîtrise des outils informatiques et des technologies de l'information et de la connaissance (ICT), plus de souplesse comportementale et cognitive, comme l'autonomie et les aptitudes à continuer de se former… Ce n'est pas le cas de tous les employés et c'est là qu'émergent les problèmes de formation, d'accompagnement, de validation, de contrôle, de compétences, d'équipement…

Les DRH et les managers soulignent clairement l'obligation d'accompagner les personnes et leurs responsables directs, et de fournir les outils informatiques et les conditions matérielles de travail. Plus largement, cela implique une réorganisation des espaces de travail puisque, dans la majorité des cas, les collaborateurs viendront travailler régulièrement dans les locaux de l'entreprise. Les réussites et les échecs des transformations des lieux de travail des dernières décennies devront être repensés avec les problématiques de fusion/fission qu'impliquent des formes de travail à distance. Plus précisément, aux modes de fusion/fission séquentiel métro-boulot-dodo – un temps pour le travail, un temps pour la vie privée et les loisirs, un temps pour les transports – va se développer des formes très diversifiées de fusion/fission tissant toutes nos activités.

En revanche, et quelle surprise, 59 % des DRH ayant participé à l'enquête ANDRH/BCG pensent que les entreprises ne consacreront pas ou peu d'investissement pour le travail à domicile. Plus largement, comment s'assurer de l'engagement des employés dans les nouvelles réorganisations du travail et de leurs bonnes conditions de travail ? L'urgence du premier confinement a conduit à trouver des solutions immédiates. Beaucoup de personnes ont utilisé leurs appareils informatiques personnels et ont arrangé, autant que faire se peut, un espace de travail.

Ce qui ne peut se pérenniser, d'une part en regard du Code du travail et d'autre part en raison des risques de santé pour les employés est, *in fine*, une perte de productivité et d'engagement :

- utiliser les appareils personnels et les abonnements personnels aux réseaux numériques. Les entreprises doivent fournir les moyens de travailler. Les appareils comme les connexions doivent répondre à des impératifs de fonctionnalité et d'efficacité. À cela s'ajoutent les problèmes de cybersécurité ;
- un espace de travail dénué de qualités ergonomiques (chaises, bureau, lumière, aération…). Les risques psychosociaux, bien identifiés, occultent trop souvent les problèmes de la qualité physique des conditions de travail ;
- avoir les moyens non pas uniquement de contrôler la productivité – on sait faire, les logiciels ne manquent pas[1] – mais également les temps de pauses nécessaires et la bonne maîtrise des tâches. Être apte à discerner si une baisse d'engagement et de productivité est due à des conditions de travail inadéquates et/ou à des problèmes de vie privée ; les deux conjugués conduisant

1. « AI-spy the workplace of the future », *The Economist*, 28 mars 2018.

irrémédiablement à une dégradation de la santé et de la vie des personnes.

- Plus largement, si les technologies du numérique et l'intelligence artificielle sont de nouveaux outils utilisés par les RH dans les processus de recrutement et de suivi des profils de employés, elles deviendront encore plus utiles dans les transformations à venir de modes de travail. On entre dans des processus complexes de personnalisation des tâches, des compétences et des formations, comme cela émerge dans d'autres aspects de nos vies (médecine, éducation, relations administratives…). Par-delà les questions de réglementation et de respect des données personnelles, cela implique de nouvelles formes de responsabilités et d'éthique pour les ressources humaines. Là aussi, il ne s'agit pas de dédier ou de substituer des fonctions RH aux machines, mais d'augmenter et diversifier les compétences. Il s'agit de Responsabilité technologique sociétale (RTS) et, *in fine*, des entreprises[1].

---

1. P. Picq, *L'intelligence artificielle et les chimpanzés du futur*, *op. cit.* ; J. Grésin et Y. Michaud, *Mutation numérique et responsabilité humaine des dirigeants*, Odile Jacob, 2010 ; P. Capelli et A. Tavis, « Les RH adoptent les méthodes agiles », *Harvard Business Review* 35, p. 48-56, octobre-novembre 2019 ; J. Bughin et E. Hazan, « Can artificial intelligence helps society as much as it helps business », McKinsey Quaterly, août 2019 ; A. Baig *et al.*, « The Covid-19 recovery will be digital », McKinsey & Company, novembre 2020 ; « The impact of artificial intelligence on human resources department », Tech Cults, 2 juillet 2020 ; J.-B. Girault, « La blockchain peut révolutionner les RH », Journal du Net, 23 octobre 2019 ; J. Wiles, « 5 ways blockchains will affect HR », Gartener., 27 août 2019 ; « 10 startups using blockchain to answer key HR questions in 2020 », hetechnologist.com, 28 janvier 2020 ; P. Poba-Nzaou, « Technologie et ressources humaines : évolution de l'emploi et des compétences à l'ère de l'intelligence artificielle » CRHA, 1er novembre 2017.

Une responsabilité sociale élargie ne signifie aucunement une ingérence dans la vie privée, mais la connaissance des contraintes propres à chaque situation. Redéfinir les limites entre les contraintes de la vie privée et celles de la vie professionnelle est un nouveau défi pour les personnes et pour les managers. Les soucis et les joies de la vie privée ne restent pas aux vestiaires. Les séniors n'ont pas les mêmes contraintes que les juniors, ces derniers, et plus encore les femmes, ayant des charges éducatives avec les jeunes enfants (et les autres). Ce que beaucoup d'entreprises faisaient déjà en termes d'horaires aménagés, de conciergerie ou encore de crèche/garderie privée devra s'appliquer au travail à distance et plus particulièrement à domicile. Une fois de plus, les entreprises déjà engagées dans ces politiques sociales s'adapteront mieux aux contextes économiques et sociaux du monde qui vient, notamment pour les jeunes générations (exaptation). Ce qui vaut pour les femmes vaut aussi pour les hommes, les jeunes générations n'ayant pas la même conception vie professionnelle/vie privée que leur père ou leur grand-père (voire de carrière[1]). Pour le coup, les expériences des femmes sur ces questions d'articulation vie privée/vie professionnelle et de ses contraintes constituent un précieux vivier d'adaptations pour les managers et aussi pour les hommes. Comme souvent dans l'évolution, des adaptations d'une partie d'une population, issues de contraintes dans un contexte antérieur, deviennent le socle de l'adaptation de l'espèce. Les femmes ont toujours plus travaillé que les hommes et de façon

1. « The papas join the mamas », McKinsey & Company, 2021.

multitâche[1]. Il ne s'agit là aucunement d'une « féminisation » du travail et de la société, mais d'une évolution avec des transformations anthropologiques considérables – notamment pour les relations entre les femmes et les hommes, entre les partenaires des différents types de couples et de familles, la parentalité... – en réponse aux aspirations sociétales et environnementales des jeunes générations. Serait-ce l'aube de la possibilité d'une nouvelle civilisation à l'échelle mondiale ?

Au fait, pourquoi ce préambule à propos des macaques et des chimpanzés ? Tout simplement parce que les transformations des métiers et des tâches nécessiteront de nouvelles organisations avec des modes de managements basés sur la confiance et l'autonomie. Le développement du travail à distance et à domicile suppose de nouvelles expériences, de la souplesse essai/erreur, de la bienveillance, de l'évaluation de la part des collaborateurs et de la reconnaissance. Il impliquera plus de diversités dans les modes d'organisation comme pour les personnes engagées dans les tâches à effectuer. Dans un tel contexte, les macaques népotiques, autoritaires, hiérarchiques et intolérants se trouvent très désavantagés comparés aux chimpanzés et leur mode de fusion/fission et de délégation des compétences. Il en va de même pour les populations humaines et les entreprises, ce qui veut dire que les questions de culture importent bien plus que les questions techniques, qu'il s'agisse des machines ou du management.

1. S. Schweitzer, *Les Femmes ont toujours travaillé. Une histoire du travail des femmes aux XIX*[e] *et XX*[e] *siècles*, Odile Jacob, 2002 ; F. Battagliola, *Histoire du travail des femmes*, La Découverte, 2000.

RÉSUMÉ DU CHAPITRE

La soudaineté du confinement n'a pas laissé le temps de réfléchir aux avantages et aux inconvénients du passage au télétravail. Il a fallu y aller derechef avec l'occasion de tester la faisabilité d'un accroissement plus substantiel des tâches effectuées à distance, tout en bousculant les *a priori* négatifs. De nombreuses directions, jusque-là plutôt réticentes, ont radicalement révisé leur position. Cela a permis de faire passer en télétravail des personnes effectuant des tâches éligibles, d'évaluer des tâches qui, jusque-là, ne semblaient pas susceptibles de se faire à distance et d'évaluer les tâches posant trop de problèmes de productivité notamment à distance. Les DRH et les dirigeants ne peuvent que se louer d'une telle expérience survenue sans prévenir et les employés ont pu se réjouir de découvrir les avantages du télétravail. Puis, au fil des semaines, et par-delà la faisabilité des tâches *stricto sensu*, se sont manifestés des inconvénients à la fois sur l'organisation des tâches, la gestion du temps, la qualité des relations entre les équipes… Car si les premiers jours ou semaines s'inscrivaient dans la logique des routines établies, il en est devenu autrement avec l'arrivée de nouvelles tâches, de nouveaux projets, de nouvelles relations clients, etc.

Aux inconvénients ressentis par les personnes s'ajoutent ceux de l'entreprise. Si nombre de personnes ont souhaité revenir sur les lieux de travail pré-Covid, et si beaucoup d'entreprises ont opté pour un retour massif en présentiel, il n'est pas certain que cette solution de facilité qui consiste à revenir comme avant soit vraiment bénéfique. C'est se priver d'une expérience qui, de toute façon, s'inscrit dans les transformations profondes du travail, du travail à distance, du télétravail à domicile, ouvrant plus de perspectives sur les autres formes de travail à distance et, plus largement, sur les transformations déjà en cours des lieux et des modes de travail. Plus encore, c'est le risque de se priver des talents de personnes dans les nouveaux métiers, plus indépendantes et plus habituées à travailler en réseau, notamment les jeunes.

D'un point de vue évolutionniste, nous sommes dans une période de ponctuation, de changement rapide. Ce genre de situation laisse peu de temps à la créativité. Une sélection s'opère sur ce qui existait déjà et, comme souligné avec insistance au fil des paragraphes de ce chapitre, les expériences autour du travail à distance, moins pour le travail à domicile, s'offrent aux transformations en cours du travail. Le défi adaptatif est d'en faire une synthèse créatrice. Sans surprise, ce sont les entreprises déjà engagées dans les nouvelles formes de travail et de collaboration, dans la transformation numérique, l'automation et des problématiques sociétales et environnementales qui contribueront au niveau mondial à la société de demain, ce qui fait l'objet du prochain chapitre.

Chapitre 3

Les entreprises et la société liées au travail

Des singes capucins et des pommes

Un regard évolutionniste
sur une transformation en cours

Préambule anthropologique : des singes capucins et des pommes

Des chercheurs de l'université Yale ont testé les travaux de Daniel Kahneman – prix Nobel d'économie – en économie expérimentale avec des singes capucins, parmi les plus intelligents de la gente simiesque (pas nobélisables pour autant).

On leur donne des jetons qu'ils apprennent vite à échanger contre des pommes (adaptation rapide au capitalisme marchand). Dans une première série d'expériences, les échanges se font sous forme de gains. Une personne 1 se présente avec deux pommes. Le capucin donne son jeton et les obtient. Une personne 2 arrive cette fois avec trois pommes, qu'il acquiert avec un jeton. Le capucin s'en trouve encore plus ravi. On continue. La personne 1 échange toujours deux pommes contre un jeton. C'est au tour à nouveau de la personne 2 qui, cette fois, ne cède qu'une pomme contre un jeton. Le capucin s'étonne. On répète les mêmes situations de façon paire, ce qui veut dire que, de toutes les façons, le malin petit singe reçoit en moyenne deux pommes au terme des transactions. Néanmoins, il manifeste rapidement une préférence pour la personne 1 et pour une bonne raison : il assure ses gains.

On reprend les mêmes – le capucin, les deux personnes, les jetons et les pommes –, mais cette fois en jouant sur les pertes et non pas sur les gains. On fait miroiter la possibilité d'obtenir trois pommes. Suit le type d'échange : soit il obtient les trois pommes – pas de perte sur l'attente –, soit deux – perte d'une pomme sur les trois convoitées – soit seulement une pomme – deux pommes de moins qu'espéré. Le capucin tend son jeton, mais ne reçoit que deux pommes de la part de la personne 1, toujours régulière. Ça commence bien avec la personne 2 qui donne trois pommes ; pas de perte. Au tour suivant, toujours deux pommes dans l'échange avec la personne 1, donc toujours la perte d'une pomme pour le capucin. Puis revient la personne 2 qui ne livre qu'une seule pomme ; cette fois deux de perdues. Là aussi, et à condition de réitérer les échanges de façon paire, le petit singe se retrouve de toutes les façons avec deux pommes pour le même nombre de jetons cédés. Mais cette fois, il préfère être en relation avec la personne 2, faisant un pari sur de moindres pertes.

Si on faisait ces expériences avec une machine capable de calculer les bénéfices et les gains et de sélectionner la transaction la plus optimale – ça existe –, elle indiquerait que toutes se valent puisqu'elles aboutissent toutes au même résultat : deux pommes en moyenne. Seulement, notre rationalité marchande comporte des aspects psychologiques issus d'une très longue évolution sociale qui fait qu'on préfère assurer nos gains alors qu'on développe une aversion pour les pertes. Il en est ainsi chez les chimpanzés et les humains, entre autres.

Pourquoi évoquer ces expériences ? Tout simplement parce que les transformations du travail vont impliquer des évaluations plus ou moins conscientes sur les pertes et les gains ainsi que leurs compensations possibles ou non. Plus largement, quand on parle de destruction créatrice, les personnes perçoivent d'abord une perte possible de leurs acquis. Elles craignent les pertes avant d'envisager des gains encore mal perceptibles. L'évolution nous a « câblés » comme cela et il faut en tenir compte pour nos évolutions dans le cadre de ce qu'on appelle « le travail du futur ». On envisageait jusqu'à présent le travail du futur avec la révolution numérique et les machines intelligentes, il faudra aussi faire avec les singes.

★★★

Un regard évolutionniste sur une transformation en cours

Nous sommes toujours confrontés à la pandémie et, soyons très clairs, nous ne retrouverons pas le monde d'avant. Ce sera le cas avec le développement du travail à distance et à domicile. Après le temps des avantages immédiats, après le temps des inconvénients arrive le temps d'une réflexion sur le travail du futur à partir d'une expérience qui, selon les études, avance le calendrier de cinq à dix ans sur les prospectives les plus audacieuses. J'ai toujours affirmé que notre monde changerait rapidement entre 2020 et 2025 alors que la plupart des prospectivistes évoquaient la décennie 2030-2040[1]. De puissantes tendances évolutives endogènes étaient déjà en marche depuis une

1. On peut vérifier dans mes écrits et sur YouTube ; P. Picq, *Une époque formidable. Dialogue avec Denis Lafay*, Éditions de l'Aube, 2019.

décennie. Un facteur exogène, un coronavirus, surgit et accélère brutalement les changements en cours à l'échelle mondiale. Et comme toujours dans l'évolution, on ne revient pas en arrière ! Ce que la littérature anglo-saxonne appelle le *new normal* ne ressemblera en rien à l'illusion des *jours heureux*. Quand l'avenir immédiat se présente avec trop d'inquiétudes, le passé devient le bon vieux temps.

La décennie que nous venons de quitter, sanctionnée par la pandémie, a vu se multiplier les études, les analyses mais aussi les législations autour du travail à distance et du travail à domicile. Donc, une fois de plus, rien de nouveau. La lecture des études de l'ILO livre de nombreuses références sur la législation et les recommandations pour le travail à distance et à domicile. Les publications ne manquent pas non plus au niveau de l'Europe, comme pour notre pays. Plus intéressant encore, les multiples expériences de travail à distance, notamment à domicile, développées depuis plusieurs années par des entreprises de toutes tailles et dans différents domaines d'activités. Les réglementations internationales, régionales, nationales comme les accords négociés et signés entre les partenaires sociaux dans différentes branches ou entre des entreprises et leurs partenaires sociaux ne manquent pas. Il n'y a donc pas à inventer les solutions, mais à les sélectionner et à les développer – ce qui n'exclut évidemment pas l'émergence des innovations.

J'emploie le terme d'innovation et non pas de solution à dessein. Le *solutionnisme* consiste à remplacer ou améliorer des tâches existantes, mais sans changer fondamentalement la réalisation de ces tâches, qu'elles soient effectuées par des humains, des machines ou les deux. C'est de l'innovation incrémentale, mélioriste, productiviste, le plus souvent motivée par la recherche de productivité, de rentabilité et d'optimisation. La soudaineté du confinement et du passage au travail à distance massif, sans préparation, sans concertation mais avec consentement plus ou moins admis des personnes, ne s'est pas préoccupé de toutes les problématiques et des directives déjà bien définies depuis plus d'une décennie. D'un point de vue éthologique, on parle d'adaptation aux *causes immédiates* : les populations, les individus, leurs organismes et leurs capacités cognitives s'accommodent au mieux aux nouvelles circonstances à partir de leurs capacités adaptatives acquises dans des circonstances antérieures. Dans la diversité des expériences, chacun y a trouvé des avantages immédiats puis, de semaines en semaines, de nombreux inconvénients ont fait pencher la balance du côté des inconvénients. D'autres se sont adaptés et ont connu un cheminement adaptatif inverse.

Les adaptations à venir du monde du travail se baseront sur les réponses ultimes : celles qui, issues de l'éventail des réponses immédiates, s'avèrent les plus à même d'établir une nouvelle organisation avec le travail à distance présentant plus d'avantages que d'inconvénients pour les personnes, les entreprises, la société et l'environnement. Il n'y a jamais d'adaptation parfaite dans l'évolution, mais de nouveaux compromis où des avantages l'emportent sur les inconvénients, où les gains dominent les pertes.

Des transformations en cours affectaient déjà profondément le monde du travail, à la fois dans les métiers et les revenus. On assiste depuis deux décennies à une bipolarisation entre, d'un côté, de plus en plus de métiers requérant peu de qualifications et mal payés et, de l'autre, des métiers exercés par des personnes de plus en plus qualifiées, dont nombre dans les domaines de l'économie numérique qui, à la faveur de la pandémie, passe d'émergente à motrice, ce qu'on appelle l'*économie frontière*. Entre les deux, une érosion des métiers de qualifications et de rémunérations moyennes[1].

Ce processus de bipolarisation commence à se faire ressentir dans la première décennie de notre nouveau siècle. Ce « grand découplage » entre l'état de la société et l'économie, entre un désordre social et un nouvel ordre économique, s'inscrit dans une évolution des métiers et des tâches de plus en plus appréhendées par les ordinateurs et les logiciels, ce qui impacte les professions techniques, celles justement de qualifications et de revenus moyens. Les travaux d'Andrew McAfee et d'Erik Brynjolfsson imputent ces transformations au déploiement de l'informatique dans tous les métiers, d'abord de façon incrémentale en améliorant l'exécution des tâches, puis en changeant les tâches[2]. Conséquence, depuis la fin du XXe siècle, les revenus moyens ou médians stagnent tout en cachant une réalité plus complexe. Cette bipolarisation voit de plus en plus de personnes contraintes dans ce qu'on appelle la *gig economy* ou économie de la gigue – la danse d'autrefois. De plus en plus de personnes des classes moyennes les moins favorisées basculent, comme faire se peut, d'un métier peu qualifié et mal rémunéré

1. P. Picq, *Qui va prendre le pouvoir ?* et *Une époque formidable*, *op. cit.*
2. A. Berstein, A. P. Raman, « Le grand découplage », entretien avec A. McAfee et E. Brynjolsson, *Harvard Business Review* 15, p. 54-63, avril-mai 2016.

à l'autre, rarement à plein temps, à horaires fractionnés, jonglant de fait avec plusieurs activités. À cela s'ajoute la forte tendance séculaire à développer le travail à temps partiel ou le recours à l'auto-entreprenariat.

Le *grand découplage* décrit le décrochage entre l'évolution de l'économie et sa croissance, comme indiquée par l'indice du PIB, et les revenus médians ou moyens. La bipolarisation en est la conséquence. D'un point de vue évolutionniste, quand une population voit sa partie moyenne jusque-là dominante se dégrader alors que ses répartitions extrêmes deviennent plus importantes, c'est qu'elle n'est plus adaptée à son environnement. Depuis le début du XXIe siècle, Le modèle économique, social et politique mis en place après la Seconde Guerre mondiale dans les pays les plus développés ne répond plus aux nouveaux défis du monde du travail[1].

Comment le développement annoncé du travail à distance va-t-il s'insérer, voire bousculer ces tendances ? Plus qu'une réflexion sur les métiers, c'est sur les tâches qu'il faut la porter. Ces questions se posaient déjà avec la numérisation, l'automation et le développement en cours des différentes formes d'intelligences artificielles. Le travail à distance se développait aussi sur différentes formes[2]. Le travail à domicile s'ajoute à ces tendances, les accélère, non sans contenir ses propres problématiques. Cela conduit à établir une liste des tâches éligibles pour le travail à distance, dont à domicile, avec leurs avantages et

1. « Bouncing back. A safety net for the post-covid world », *The Economist*, 438 (9235), 6-12 mars 2021.
2. P. Picq, *L'Intelligence artificielle et les chimpanzés du futur*, *op. cit.*

leurs inconvénients directs et indirects pour les employés comme pour les entreprises et à rechercher de nouveaux compromis[1] :

- tâches exécutables sans modification depuis un ordinateur, qui peuvent se faire sans perte de productivité, voire avec des gains de productivité. Il convient de veiller aux bonnes conditions de travail (mobilier de bureau, matériels, connexion) ;
- tâches « numérisables » qui deviennent exécutables dans le cadre de la transformation numérique des métiers de l'entreprise. Ce qui oblige à de la formation, à établir de nouveaux modes de collaboration et de management ;
- tâches hybrides avec des collaborations humains/machines : cobots, assistants vocaux, *cloud computing*... Ce qui existe déjà pour les centres d'appels et dans les domaines de l'assistance, de l'assurance, de la banque (*chatbots*)... mais aussi du dépannage et de la maintenance en ligne[2] ;
- tâches requérant des collaborations en ligne, comme les visioconférences ou les approches de plateformes. Parmi les expériences au cours de la pandémie, une réévaluation des résultats des réunions[3] qui, sur des sujets bien définis en amont, s'avèrent plus efficaces (préparation, suivi

1. S. S. Bharadwag, « Une politique de télétravail peut-elle saper le morale des salariés ? », *Harvard Business Review*, 18, p. 123-127, novembre 2016.
2. A. S. Dubey et C. Granier, *Collaborer avec les machines : quels changements pour l'opérateur ?*, Presse des Mines, « Les docs de La Fabrique », 2020.
3. L. A. Perlow, « Halte à la folie des réunions », *Harvard Business Review* 26, p. 98-100, avril-mais 2018 ; S.G. Rogerlberg *et al.*, « Pourquoi vos réunions craignent – et comment y remédier », *Harvard Business Review* 33, p. 120-123, mai 2019.

des contributions et des participations). Si les réunions deviennent plus courtes et plus efficaces, les courriels s'accumulent, ce qui ne va pas sans allonger les heures de travail[1]. Cela permet aussi d'identifier des comportements présentistes peu utiles, voire contre-productifs[2]… Plus largement, les expériences acquises contribueront à la transformation des entreprises, faisant des adaptations immédiates des adaptations organisationnelles. Rien de plus éthologique et darwinien[3] ;

- extension des méthodes de plateformes pour résoudre des problèmes complexes. Ce qui, là aussi, se développe avec les modes projets qui mobilisent des personnes intéressées et avec diverses compétences au sein de l'entreprise et leurs différents secteurs d'activité, avec d'autres entreprises, avec les clients, avec des experts extérieurs…
- mise en place d'outils numériques, comme Slack, entre autres[4], qui permettent de suivre les contributions asynchrones, notamment pour des entreprises avec des implantations réparties sur plusieurs fuseaux horaires. Cela s'applique évidemment pour les groupes de travail. Des logiciels basés sur l'intelligence artificielle

1. A. Dunn, « Longer hours, more emails and shorter meetings – working from home in the time of Covid », World Economical Forum, 14 août 2020 ; DeFilippis *et al.*, « Collaborating during coronavirus : the impact of Covid-19 on the nature of Work », National Bureau of Economic Research, juillet 2020.
2. *The Economist.*
3. Ch. Rebours, I. Pauly, *L'Expérience, le nouveau moteur de l'entreprise*, Diateino, 2016 ; préface de P. Picq.
4. S. Bultefield, « Comment Stewart Butterfield, P-DG de Slack, a fait preuve d'adaptabilité face à une crise mondiale », *Harvard Business Review*, 41, p. 26-32, octobre-novembre 2020.

devienment des outils de management très pertinents pour gérer ces situations complexes. De nombreux comités ou groupes collaborent déjà avec des « robots » parties prenantes des discussions quand il s'agit de collecter des données, de les comparer, les évaluer, d'assurer le suivi et l'évolution des décisions prises au cours des réunions précédentes…

Ce qui précède s'adresse aux transformations des tâches déjà existantes comme au développement de celles déjà basées sur le travail collaboratif à distance[1]. Cela ne concerne pas les questions d'externalisation des tâches, pas plus que tous ces nouveaux métiers et activités créés d'emblée en ligne. Le développement du travail à distance redessine une géographie des lieux de travail, connectés, à la fois dans les entreprises, à domicile et toutes les formes de lieux de travail alternatives, flexibles ou autres.

Là aussi, des expériences de relations à distance avec clients – management centré client – et les autres entreprises, comme avec les start-up, et l'explosion des tâches en ligne, comme avec le *cloud computing* ne sont pas nouvelles. Ce qui change, c'est que des tâches nouvelles ou complémentaires en référence à une organisation existante deviennent les facteurs d'un changement d'organisation[2]. Les méthodes rangées sous la rubrique

1. P. Picq, F. Arata et B. Bertin, « Travailler demain : en quoi de nouvelles habitudes de travail redessinent l'entreprise », conférence/table ronde Harvard Business Review Club, 23 mars 2021.
2. Voir publications de l'EBG (Electronic Business Group) sur les entreprises apprenantes, 2018-2020.

design thinking proviennent des méthodes inventées et développées dans les domaines de logiciels et de jeux. Nous ne sommes qu'à l'aube de ces transformations[1] avec l'explosion de nos écosystèmes numériques, ce qu'on appelle à la fois l'*espace digital darwinien* et le *darwinisme artificiel*[2].

Les quelques catégories de tâches à distance évoquées, leur éligibilité et leur faisabilité s'expriment différemment selon les métiers. Elles impliquent des négociations, des modes de management, de contrôle, de formation, d'autonomie et d'évaluation très différents. Cela implique une individuation croissante des activités des collaborateurs. Autrement dit, contrairement à ce qui s'est passé lors du premier confinement, chaque poste à définir procède de négociations entre les employés et leurs entreprises.

Idéalement, plus de télétravail présente, par rapport à la situation normale précédente, des avantages à la fois pour les employés et les entreprises : plus d'autonomie, moins de contrôle, plus de responsabilités, gains de productivité… À cela s'ajoutent, pour les employés, une gestion personnelle de leur emploi de temps, moins de surveillance, moins d'interférences perturbatrices avec des collègues ou l'encadrement. Pour les entreprises, un management plus souple et basé sur la confiance. La transition se fera plus naturellement pour des entreprises avec une culture managériale possédant déjà ces caractéristiques, comme les entreprises dites « libérées » et celles

---

1. P. Beretti, A. Bloch (éd.), *Homo numericus au travail*, *op. cit.* ; préface de P. Picq.
2. *L'Intelligence artificielle et les chimpanzés du futur*, *op. cit.*

dites « apprenantes[1] » ; plus difficilement pour celles avec une hiérarchie descendante, autoritaire, défiante, contrôlante… et trop souvent en retard sur ces transformations.

Puis il y a les causes que je qualifie de secondes. Pour les employés, moins de temps perdu dans les transports, un meilleur équilibre vie privée/vie professionnelle, le choix des heures de loisirs et de sport, le temps pour s'occuper des enfants… Pour les entreprises, moins de frais de transport à rembourser, moins d'absentéisme et moins de présentisme parasitaire, réduction des surfaces de bureaux et autres économies à la marge. Cependant, ces causes secondes ne doivent pas être les premières motivations, même si elles importent. Par exemple, une perte de productivité peut être compensée par une diminution de l'empreinte CO_2, à condition que cela entre dans une politique RSE assumée de l'entreprise. Il s'agit ni plus ni moins d'une transformation de la culture de l'entreprise qui exige une politique claire de ses objectifs, une communication et une information de la part des dirigeants et des cadres dirigeants, des négociations avec les partenaires sociaux et l'obtention du consentement des employés. Plus encore, les expériences acquises par les employés ayant travaillé à distance sont autant de connaissances utiles pour mettre en place ces transformations. À la lecture des nombreuses études et enquêtes consultées sur ce sujet, on retire le sentiment que tout part du haut et que les collaborateurs se trouvent invités à y adhérer. Comment passer d'un consentement reposant souvent sur des avantages seconds et néanmoins fort appréciables

1. *Cf.* note 2 page 146.

à un consentement coconstructif apte à se nourrir, pour l'entreprises, de la diversité des expériences et des compétences jusque-là en sommeil (paradoxe de Polanyi[1]) ?

Les entreprises ayant déjà une véritable approche RSE et celles ayant déjà engagé leur transformation numérique façonneront le monde du travail de demain.

Femmes : retour à la maison ?

Si les crises ou ponctuations stimulent les tendances émergentes, elles mettent aussi brutalement en évidence les archaïsmes et les inégalités des sociétés. Et comme à chaque fois au cours de l'évolution des sociétés humaines, les femmes s'en trouvent les premières concernées. Le confinement a provoqué une forte augmentation des violences faîtes aux femmes, sans oublier les enfants. Le domicile, la vie privée, est le lieu de tous les dangers pour les femmes et les enfants. C'était le cas avant la pandémie ; c'est devenu dramatique pendant le confinement ; qu'en sera-t-il avec plus de télétravail à domicile si les conditions ne deviennent pas plus favorables[2] ?

Les femmes s'occupent toujours plus des tâches et des affaires domestiques ainsi que des enfants que les hommes. Même si cette répartition a fortement évolué depuis une

1. Ch. Rebours, I. Pauly, *op. cit.*

2. P. Picq, *Et l'évolution créa la femme*, *op. cit.* ; UN Women : « From Insights to Action : Gender equality in the wake of Covid-19 », 2020 ; « UN Secretary-General's policy brief : The Impact of Covid-19 on Women », 9 avril 2020 ; A. Madgavkar, M. Krishnan, D. Mahajan et X. Azcue, « Covid-19 and gender quality : countering the regressive effects », McKinsey, juillet 2020.

cinquantaine d'années, les inégalités demeurent considérables à la fois entre régions du monde, entre pays et aussi selon les classes sociales[1]. Déjà soumises, en moyenne, à des régimes de travail partiel et souvent plus précaires, basculer vers plus de télétravail pourraient aggraver leur condition professionnelle avec l'exécution de tâches plus répétitives, moins valorisantes et moins susceptibles de meilleures rémunérations, avec encore moins de promotions. C'était déjà le cas avant la pandémie, ça risque de s'aggraver, les femmes pouvant y trouver quelques avantages dans un premier temps, ainsi que les entreprises en fonction de leur politique d'égalité (surtout sans une telle politique).

Déjà avant la pandémie, les femmes se sentaient plus sollicitées, stressées et susceptibles de burn-out, ce qui a empiré en pleine crise. Dans les pays les plus développés, là où les femmes travaillent davantage hors de leur domicile et où, malgré les inégalités persistantes, elles occupent des fonctions à tous les niveaux dans les entreprises, un quart d'entre elles envisagent soit de démissionner, soit d'abandonner ou réduire une partie de leurs activités professionnelles, quitte à menacer leurs carrières[2]. Ce qui se comprend pour des mères avec des enfants de moins de dix ans se retrouve aussi chez les femmes seniors avec, en moyenne, des postes de plus grande responsabilité et mieux rémunérés. Cependant, on observe un état d'esprit comparable chez les hommes, moins marqué chez les pères d'enfants de moins de dix ans, mais dans les mêmes proportions pour les séniors.

1. Global Gender Gap Report 2020 World Economical Forum.

2. « Femmes. Sortir de la crise », *Courrier International*, p. 25-31, 25-31 mars 2021.

La pandémie et le télétravail ont donc amené les personnes à s'interroger sur les interactions entre vie privée et vie professionnelle, pas toujours pour les mêmes raisons, mais plus encore pour les mères de jeunes enfants. Cela pose un défi majeur pour les entreprises qui peuvent de moins en moins se passer des talents des femmes, juniors ou séniors, mères avec de jeunes enfants ou dégagées d'obligations parentales. Les enjeux sont tout simplement considérables pour l'éducation, la société et l'économie et s'évaluent en milliers de milliards de dollars.

Ni les femmes ou employés les moins bien rémunérés, ni les entreprises ne doivent envisager le télétravail à domicile en regard seulement des causes secondes, même si elles importent (j'insiste). Les femmes présentent des qualités qui peuvent bénéficier à leurs métiers et leurs carrières comme aux entreprises avec plus de travail à distance. L'une de ces qualités est la constance. En moyenne, et ce dans tous les métiers et quelle que soit la situation familiale des femmes, elles se montrent plus stables dans la conservation d'un emploi. Un point positif face aux réticences soulevées par le risque de turnover avec le télétravail. Par ailleurs, de par toutes les obligations qui leur sont faites ou héritées d'une culture encore dominante de la domination masculine, elles s'avèrent nettement meilleures pour effectuer des tâches en parallèle ou d'autres en séquentiel, un avantage considérable pour le travail à distance et surtout à domicile[1].

1. « Women in the Workplace 2020 », McKinsey Global Institute, 30 septembre 2020 ; D. Brady, A. Krikovich et L. Yee, « Creating a post-pandemic recovery for women in the workplace », McKinsey Postcast, mars 2021 ; J. Jablonska, « Seven charts that show Covid-19's impact on women's employment », McKinsey & Company, 8 mars 2021.

Le développement du télétravail des femmes dans le cadre plus général de la transformation du travail doit être appréhendé dans la perspective plus large de la transformation numérique des entreprises, de leurs métiers et de leurs nouveaux modes de travail. Pas question de refaire le « coup de la machine à coudre Singer » comme à la fin du XIXe siècle. Cette merveilleuse invention a servi de prétexte pour donner des tâches aux femmes renvoyées dans leur foyer, les dirigeants d'entreprises comme la majorité des syndicats s'opposant au travail des femmes dans les usines et les ateliers, mais pas hors des ateliers et des usines. Mal rémunérées, poussées à des rendements toujours plus exigeants, elles en arrivaient à ne plus pouvoir s'occuper des enfants, ayant recours dans les situations les plus tendues à du laudanum pour les calmer. On n'en est plus là, mais il reste que les femmes effectuent toujours plus de tâches domestiques que les hommes et s'investissent plus dans les soins et l'éducation des enfants. Est-ce que le développement du télétravail va continuer d'alimenter ces inégalités d'un archaïsme anthropologique récurrent ou permettre, enfin, plus d'équité entre les genres comme entre la vie privée et la vie professionnelle ?

Le télétravail et les diversités

Pour les anthropologues évolutionnistes, les diversités constituent le socle de l'adaptation des espèces[1]. Ce n'est pas encore bien compris dans toutes les entreprises, et ce n'est pas par manque d'études et de prospectives.

---

1. P. Picq, *De Darwin à Lévi-Strauss ; l'Homme et la diversité en danger*, *op. cit.*

Pour faire bref et efficace : les entreprises qui s'appuient sur une vraie politique des talents et de l'innovation affichent un retour sur investissement supérieur de 34 %[1]. Il ne s'agit donc pas que d'une question morale, mais d'une compréhension des apports des diversités pour le futur du travail. D'un point de vue strictement évolutionniste, les populations qui s'adaptent le mieux à des changements imprévisibles de leur environnement sont celles qui jouissent d'une plus grande diversité.

Ces diversités peuvent être de genre – on vient d'évoquer la question des femmes, sexuelles (LGBTQ+), ethniques et culturelles, générationnelles, de handicap. Les problématiques des diversités LGBTQ+ s'apparentent à celles des femmes, non sans soulever d'autres tabous[2]. Que les couples soient hétérosexuels ou homosexuels, les questions d'égalité des tâches se posent de la même façon. Il ne fait aucun doute que les handicapés moteurs et leur lieu de vie aménagés s'adaptent sans difficulté au télétravail.

La vieille Europe et surtout la France souffrent encore de travers crypto-racistes et crypto-colonialistes. Par-delà la question récurrente et même de plus en plus marquée de la reproduction des élites qui s'est accentuée ces dernières décennies, les diversités ont encore du mal à s'afficher. Pour se limiter au domaine des entreprises, il est saisissant de constater que toutes les études et les enquêtes anglo-saxonnes et internationales citées dans le cadre de cet

1. V. Hunt *et al.*, « Diversity Wins. How inclusion matters », McKinsey & Company, mai 2020.
2. « LGBTQ+ voices learning from lived experiences », *McKinsey Quaterly*, juin 2020.

essai présentent systématiquement toutes les diversités. On ne peut pas en dire de même, hélas, pour les revues françaises. C'est d'autant plus étonnant que les écoles de commerce au sens large, les *business schools*, accueillent des étudiants de très nombreux pays et ont des enseignements et des stages dans différentes parties du monde. Ce qui n'est pas le cas, hélas, pour nos grandes écoles.

Un des enjeux justement du travail à distance est de voir collaborer des personnes de n'importe où dans le monde et, forcément, des diversités de cultures et de compétences. Heureusement, les mentalités évoluent assez rapidement et, pour ne citer qu'eux, nos grands groupes et nos grandes banques affichent leurs diversités. Il n'en reste pas moins que c'est assez récent et qu'il reste beaucoup à faire. Un avantage du télétravail sera que les personnes prendront l'habitude d'échanger et de collaborer, certes à distance, avec d'autres personnes auxquelles elles n'auraient peut-être jamais pensé. Nos opinions évoluent avec les images de ce qui nous entoure et finissent par bousculer les archaïsmes de nos cultures et de nos cerveaux. Nul doute que l'ouverture du télétravail et du travail à distance enrichira la diversité des compétences et les relations entre tous les collaborateurs, ce qui sera aussi très bénéfique pour les relations clients.

Cette difficulté culturelle à accueillir et promouvoir les diversités se résume parfaitement dans l'expression *discrimination positive*. C'est une mauvaise traduction, mais à dessein et qui en dit long sur nos archaïsmes, du terme américain *positive action*. Comme si lever les obstacles qui grèvent la promotion sociale discriminait les élites ? Comme si les élites et leur système de reproduction avaient une sorte de « droit naturel » à préserver leurs positions, voire d'altérer leurs compétences avec les diversités. Ridicule d'un point de vue anthropologique ; stupide et délétère à court terme dans une économie mondialisée où les innovations surgissent de partout dans le monde. Plus encore, toutes les études montrent sans ambiguïté que les entreprises qui privilégient les diversités sont déjà ou vont devenir les leaders de ce monde dit « new normal » qui, quoi qu'il devienne, sera un monde de diversités.

Reste la question des relations intergénérationnelles. Un des obstacles au développement du télétravail réside, potentiellement, dans les changements qui toucheront les habitudes des séniors et leurs compétences avec les technologies de l'information et de la communication. En fait, les réticences viennent moins de leurs aptitudes réelles ou de leur besoin de se former, que de devoir accepter de changer leur routine et leurs habitudes de travail. Les juniors se montrent plus à l'aise avec les outils informatiques, ce qui ne les dispense pas pour autant de formation. Peut se mettre en place ou se développer le « *reverse mentoring* » ou « *reverse coaching* », les juniors guidant les séniors dans les pratiques des réseaux, ce qui est déjà une exigence au sein des entreprises, mais aussi entre les entreprises et avec les clients. C'est une sorte de petite révolution anthropologique tant les sociétés humaines se basent sur une transmission verticale des traditions et des règles sociales des séniors vers les juniors au travers de rites d'initiation. Il n'en est plus tout à fait ainsi depuis mai 1968 dans nos sociétés occidentales, puis mondiales. Les jeunes générations possèdent des compétences comme pour l'usage des objets connectés et les réseaux, d'abord par essai/erreur et avec leurs pairs et, s'ils développent ces compétences, inventent de nouveaux métiers inconnus des générations précédentes, notamment dans les services ou l'économie sociale et solidaire ; ce qu'on a appelé l'ubérisation de la société. Une rupture anthropologique qui ne doit pas devenir une rupture intergénérationnelle. Tout au contraire, les juniors apprennent aux séniors à mieux maîtriser les réseaux et leurs outils tandis que les séniors instruisent les juniors sur la culture et l'histoire de l'entreprise.

Un autre aspect anthropologique intervient ici avec l'incorporation de nouveaux collaborateurs. Tout groupe d'humains se doit impérativement de respecter des rituels d'initiation. Les entrants doivent bénéficier d'un accueil et d'informations utiles à leur intégration et à la compréhension de la culture de l'entreprise. Cette exigence anthropologique s'impose encore plus avec l'évolution des tâches vers plus de distance et, pour reprendre un terme venant de l'éthologie, de fusion/fission. De nombreuses entreprises imposent une période d'une ou deux années de travail en présentiel avant d'aménager des agendas plus hybrides.

« Hybride » : voilà le terme clé des transformations en cours du travail. Hybridation des activités en présentiel et sur les réseaux, les séniors – mais pas qu'eux – devant apprendre à mieux naviguer sur les réseaux, les juniors – mais pas qu'eux – devant acquérir les comportements adéquats en présentiel, garants de la cohésion d'une culture de l'entreprise, d'un sentiment d'appartenance et d'engagement.

Le travail à distance et le télétravail à domicile comportent des potentialités anthropologiques comme jamais dans l'histoire de l'humanité pour bousculer trop d'archaïsmes qui, désormais, nuisent à l'adaptabilité et au développement des entreprises. On connaît le slogan « *Go home !* », retournez à la maison ou chez vous de la part de ceux qui veulent que les femmes repartent dans leur foyer et les immigrés dans leurs pays. La discrimination et l'isolationnisme vont à l'encontre de l'évolution du travail et de l'ouverture des entreprises aux problématiques sociétales et environnementales qui constituent les bases d'une autre évolution de nos sociétés mondialisées.

Relations sociales et travail à distance

Les hybridations en cours dans les entreprises se métastasent entre le tout présentiel et le tout à distance. Cela passe forcément par des arrangements avec les partenaires sociaux. La législation et les réglementations existent déjà, et parfois depuis presque deux décennies[1]. On a beaucoup discuté en France d'une réglementation nationale, ce que les DRH ont critiqué, avec raison. Toujours cette manie de notre culture de macaque de faire du haut vers le bas, d'autant que ces imprécations centralisées sont toutes aussi péjoratives qu'infondées. Nous sommes entrés dans l'ère de l'adaptabilité, et les modèles hérités du « trilogue » État-grandes entreprises-syndicats ne répondent pas à ces évolutions. Même les accords de

1. Voir ILO 2020, *op. cit.*

branches, nécessaires – là n'est pas la question –, doivent s'adapter aux différentes entreprises de leurs secteurs. Rien que dans le domaine des industries du numérique, des données et des réseaux, certaines entreprises pratiquant déjà le plus le travail à distance, et susceptibles de le développer davantage, se recentrent sur le présentiel tandis que d'autres vont vers le tout à distance. Il en va de même dans l'industrie automobile, pour prendre un exemple d'entreprise supposée moins susceptible de développer le travail à distance avec, en France, Renault, le modèle social d'hier et PSA, peut-être le modèle de demain.

Les partenaires sociaux jouent leur rôle en exigeant des réglementations idoines pour le télétravail. Les abus ne sont pas à craindre, ils existent déjà et risquent de s'amplifier. Les organisations des tâches, leurs évaluations, leurs contrôles disposent déjà de nombreux outils plus ou moins invasifs : rythme de frappe sur les claviers, taux et durées de connexion, caméra… pour les plus connus et les plus simples. Comment concilier, d'un côté, l'individualisation des tâches et, de l'autre, les exigences d'un dialogue social sur les conditions de travail ? De nouvelles formes de revendications s'expriment par les réseaux de l'entreprise en cas d'abus, surtout avec les jeunes générations habituées aux interactions sociales en ligne[1]. Comment les partenaires sociaux vont-ils s'adapter à ces nouvelles formes d'actions collectives spontanées et en réseaux au sein de l'entreprise, ce qui touche aussi à leur représentativité ? Les exemples se multiplient de

1. L. Berger, M. Léon, *Homo numericus au travail*, *op. cit.*

grandes entreprises ayant dû céder aux revendications de leurs collaborateurs via les réseaux internes pour leurs conditions de travail, contre des contrats ou des marchés qui heurtent leurs valeurs. La RSE entre aussi dans les dialogues sociaux des entreprises.

Les gouvernements, comme dans l'exemple précédent sur la législation du télétravail, vont devoir accompagner tous ces changements à défaut de les anticiper. D'abord en termes d'infrastructures numériques. Le recours soudain au télétravail massif a mis les réseaux numériques à rude épreuve. Ça a tenu. La France, comparée aux autres pays européens ou avancés, se situe dans la moyenne basse pour la qualité de ses infrastructures numériques[1]. Néanmoins, il y a beaucoup de disparités régionales et locales. Comme pour le développement du rail lors des premières révolutions industrielles ou celui des réseaux urbains – route et rail – pendant les Trente Glorieuses, les nouvelles formes de travail exigent le développement d'infrastructures plus fiables et plus performantes. L'Europe et la France, où il fait bon vivre et où les personnes jouissent du meilleur équilibre possible vie privée/vie professionnelle dans le monde, bénéficient déjà d'atouts considérables en termes d'infrastructures. Mais nous accusons un retard dommageable pour les opérateurs numériques. (Sans évoquer ceux, tout aussi ennuyeux, de l'intelligence artificielle, des robots...). La quasi-totalité des réunions et des activités par visioconférence

1. C. Lautent, « Nos économies étaient-elles prêtes pour le télétravail généralisé ? », *Harvard Business Review*, 41, p. 24, octobre-novembre 2020 ; OCDE (OECD), *Productivity gains from teleworking in the post Covid-19 era: how can public policies make it happen?*, www.oecd.org/coronavirus, 7 septembre 2020..

passe par des géants du Net californiens. Même s'il y a de nombreuses pépites du côté des start-up françaises dans ce secteur, elles ne représentent pas la majorité, hélas.

Villes, générations, sociétés

Cela a déjà été précisé à plusieurs reprises, le travail à distance et à domicile multiplie et redistribue les lieux de travail. Cela aura un impact sur les villes et les campagnes, l'urbanisation, mais aussi les usages et les pratiques de tous ces endroits, sans oublier les modes de déplacement. Le travail à domicile représente une partie des tâches de l'ensemble du travail à distance, qui a toujours existé, mais qui adopte un développement comme jamais avec les technologies de l'information et de la communication. On peut collaborer et travailler à plusieurs de façon simultanée sans présence physique[1].

Dans le premier chapitre, j'ai rappelé les grandes lignes de l'évolution du travail et leurs effets sur la ville et sur la société. Karl Marx et les marxistes nous disent avec pertinence combien la configuration des moyens de production induit des infrastructures qui déterminent, en grande partie, les sociétés. Mais la société influence aussi les entreprises et le travail. Les problématiques de la RSE s'imposent dans les entreprises. On parle d'entreprises hybrides pour celles s'appuyant

---

1. M. Sostero *et al.*, « Teleworking and the Covid-19 crisis : a new digital divide? », *op. cit.*

sur des objectifs RSE déclarés, d'entreprises FPC aux États-Unis (Flexible Purpose Corporations) et, plus récemment en France, d'entreprises à mission[1]. À cela s'ajoutent les attentes des jeunes générations, entre autres, de plus en plus influentes sur l'évolution des entreprises. Depuis 2019, les milléniaux sont plus nombreux que les employés des générations précédentes dans les entreprises.

La transformation numérique de nos sociétés, menée par les géants du numérique, envahit nos espaces privés et publics, et pas toujours pour le meilleur. Ces entreprises proposent comme jamais des biens et des services qui stimulent nos besoins et nos désirs, parfois les contrôlent, voire les conditionnent, allant jusqu'à affecter notre vie privée et notre santé[2]. Là aussi, des hybridations réticulées entre les entreprises, le travail, les personnes et, finalement, toute la société[3].

De nouvelles contraintes interfèrent à la fois avec le travail et la vie privée, un enjeu considérable en termes de management, de qualité d'exécution des tâches, la vie privée et la santé. Ces problèmes sont bien identifiés pour nos vies quotidiennes depuis une décennie,

---

1. Cabinet Deloitte, *Entreprises à mission. De la théorie à la pratique,* Guide Citizen Capital et Deloitte Développement Durable, 2021.
2. B. Patino, *La civilisation du poisson rouge*, Grasset, 2019 ; P. Chabot, *Avoir le temps*, PUF, 2021 et *Global burn-out,* PUF, 2013 ; Dossier « Lutter contre la solitude dans un monde hyperconnecté », *Harvard Business Review* 42, décembre 2018-janvier 2019 ;V. Murthy, « Le travail et l'épidémie de solitude », *Harvard Business Review* 30, p. 52-68, décembre 2018-janvier 2019.
3. P. Picq, *S'adapter ou périr. Covid-19 : faire front. op. cit.* et P. Picq, *S'adapter ou périr. La ville doit choisir, op. cit.*

mais vont prendre une autre ampleur avec le travail à domicile, aggravant les spectre des sollicitations, des perturbations et des distractions. Les déviances et les frustrations relationnelles induites par les réseaux et leurs mirages dans les vies privées risquent de s'inviter dans les relations professionnelles. Si le travail à distance induit des problèmes d'isolement déjà bien connus, ceux-ci risquent de prendre des tournures dramatiques chez de nombreux employés, ne serait-ce que pour la maîtrise du temps, du repos et du sommeil ; le risque d'un global burn-out.

Il reste tout de même étonnant de constater combien nous avons modifié et élargi nos modes de communication, d'accès à la connaissance, à la culture et aux loisirs, les mises en relation avec des personnes partout dans le monde, les nouvelles façons de consommer ou encore d'utiliser la ville et que, par ailleurs, nous menons nos activités professionnelles comme si tout cela n'allait pas impacter nos métiers et nos modes de travail. Un beau cas de dissonance cognitive, d'autant qu'aucune injonction officielle – administrative, politique ou autre – ne nous enjoignait d'agir ainsi. Ce sont des motivations sociétales qui nous poussent vers ces agissements : désirs, modes, pressions de l'entourage, publicités, goût pour la nouveauté... Nous avons profondément changé nos comportements sociaux et de consommateur, ce qui ne pouvait pas ne pas avoir d'effet sur les entreprises et le travail. Alors pourquoi des réticences de la part des personnes et des entreprises pour développer le travail à distance et à domicile ? Nous sommes toujours dans les problématiques des capucins et des pommes.

Autre fait considérable encore mal analysé, comment de nouveaux moyens de production placés dans nos mains et connectés allaient-ils transformer l'économie, les entreprises et la société alors que le deuxième âge des machines se profilait à la fin du xxe siècle ? Le commerce et les services en ligne commencent à se développer à partir d'ordinateurs de bureau (*desk top*) et l'engouement pour les portables (*lap top*). Jeff Bezos avec Amazon et Jack Ma avec Alibaba sont certainement les deux premiers à percevoir l'énorme potentiel des machines connectées et des réseaux. Et tout s'accélère en janvier 2007 quand Steve Jobs présente le premier iPhone, ouvrant l'ère des smartphones connectés au Web 2.0 puis 3.0. Il lâche : « *I'm going to change the world* » (je vais changer le monde). Seulement, même lui ignore ce qui va se passer, comme tous les grands pionniers de la révolution numérique. Pourquoi ? Ils savent évidemment ce qu'ils font, mais ne savent pas comment ça va se passer. Quand Tom Lee-Berger invente le langage qui marque la naissance d'Internet, c'est avant tout une action philanthropique : donner accès aux connaissances et mettre les personnes en contact. Wikipédia en est la parfaite illustration. Trente ans plus tard, le même s'alarme des dérives marchandes, sociétales et totalitaires des réseaux. Quand Mark Zuckerberg crée Facebook ou Jack Dorsey Twitter, ils proposent de nouvelles mises en relation des personnes. Ils ne peuvent imaginer l'évolution des dérives et des influences sociétales et politiques de leurs inventions. C'est ainsi qu'émerge ce que j'appelle l'*espace digital darwinien*. De nouveaux objets connectés, des réseaux et des sites proposent une nouvelle écologie sociétale puis, rapidement, entrepreneuriale. Des gens inventent de nouveaux services qui nous agréent tout en bousculant une économie qualifiée dès lors de classique ; c'est l'ubérisation de la société et l'explosion des start-up. Il suffit d'acheter les bons appareils, de se connecter aux bonnes personnes et aux bons sites pour créer une activité capable de bousculer tout un secteur économique et une partie de la société. Si le premier âge des machines se caractérise par une concentration de moyens financiers et de productions avec des lieux dédiés où les personnes vont travailler, le deuxième âge des machines naît du foisonnement d'initiatives d'individus qui possèdent leurs moyens de production dans la main. La « Petite Poucette » de Michel Serres[1] est devenue une grande poussée avec un nouvel élan au cours de la pandémie, qui risque d'être une grande claque pour les entreprises qui ne comprennent pas ou refusent ces changements. Pour survivre dans l'espace digital darwinien, il faut innover. Comme dans l'évolution, de nouveaux caractères ne cessent d'apparaître sans forcément correspondre à un besoin des organismes, des individus, de l'espèce ou de l'environnement. Si ces caractères ne sont pas sélectionnés, cela ne change rien à l'adaptation de la population ni à l'environnement. S'ils sont sélectionnés, alors se manifestent des changements d'ampleur très variable pour l'espèce et le milieu. Dans les mondes darwiniens, les communautés écologiques et les environnements changent plus vite que nos capacités à les comprendre ; et quand on a

1. M. Serres, *Petite poucette*, Éditions Le Pommier, 2012.

compris, ça a déjà changé. Est-ce que les prospectivistes et les adeptes du plan qui conseillent les dirigeants d'entreprises et les responsables politiques ont compris cette logique de l'évolution, et plus particulièrement d'une évolution dont nous sommes tous les acteurs ? Le temps des extrapolations prospectivistes est révolu ; place à l'adaptabilité face à l'émergence.

La pandémie a fait sauter des freins au travail à distance, ce qui devenait inévitable avec l'explosion des activités en ligne. Le marché de l'emploi s'est fortement développé en ligne et, comme pour chaque transformation, d'abord en se substituant à ce qui existait déjà, puis en amplifiant des tendances existantes et en inventant de nouvelles approches. En 2020, en France, près de la moitié des embauches sont passées par les sites en ligne, dont une moitié avec des contrats en CDI. Une fois de plus, cela existait déjà avec des réseaux professionnels comme LinkedIn ou d'autres, mais désormais avec une palette bien plus étoffée à la fois pour les personnes en recherche d'emploi ou en quête d'un nouvel emploi et, pour les entreprises, un accès sans contrainte géographique ou nationale à des profils recherchés, d'autres inattendus. Autre avantage : une présélection en amont avec plus de moyens d'évaluation, que ce soit par des personnes et/ou des logiciels de plus en plus pertinents et apprenants avec l'IA. Les premiers entretiens se font en ligne, ce qui permet au passage d'évaluer la maîtrise des techniques de collaboration à distance des personnes, mais aussi d'éviter des déplacements avec les frais et les coûts CO_2, surtout pour des personnes résidant loin. Tous ces aspects avec leurs avantages spécifiques constituent un système auto-catalytique qui va évoluer rapidement par lui-même, les uns renforçant les autres ; autrement dit, une logique écosystémique co-évolutive.

Plus largement, les comportements des consommateurs pour le commerce en ligne n'impliquent pas que les géants du numérique. Même s'ils sortent formidablement renforcés des périodes de confinement, les usages des relations en ligne se sont étendus bien au-delà de ces grands opérateurs dominants, comme pour les réseaux des commerces locaux, de proximité et autres circuits courts. Dans tous les secteurs économiques, les entreprises développent de nouvelle relations client, plus directes. Les technologies des *blockchains* vont s'imposer rapidement. Les consultations médicales et paramédicales entrent dans les mœurs, les personnes faisant elles-mêmes la distinction entre ce qui peut se faire en ligne ou ce qui nécessite une consultation physique ; et cela va s'amplifier avec les machines et les intelligences artificielles. Des entreprises vont encore plus avant en édifiant des profils numériques de leurs clients[1].

Le secteur public n'est pas en reste. De plus en plus d'actes administratifs, d'opérations bancaires, de signatures de contrats et même d'actes notariés – la littérature internationale cite souvent l'exemple du notariat en France – se font en ligne. On passe de la dématérialisation motivée par plus d'efficacité administrative à celle des considérations sociétales et environnementales (économie de papier entre

1. « The global AI race and its consequences », *The Innovator* (*Les Échos*), septembre 2018.

autres). Qui se plaindrait, par exemple, d'éviter d'aller à la préfecture ou sous-préfecture pour obtenir la carte grise d'un véhicule ? Les administrations ont abandonné leur culture de défiance envers les citoyens, une révolution culturelle rarement soulignée, de la même façon que les personnes font confiance aux interactions en ligne. Il ne saurait en être autrement pour les entreprises et leurs collaborateurs. Une révolution tranquille et numérique désormais acquise, et pas que pour les jeunes générations, avec les ventes et les services en ligne, les arbitrages de litiges judiciaires ou de contentieux, des consultations d'experts et la télémédecine, une partie de l'enseignement et des travaux scolaires, les visites immobilières ou encore la maintenance et les réparations avec les réalités virtuelles ou augmentées... Telle se présente déjà ce qu'on appelle la nouvelle normalité. Alors, bienvenue dans le *smart world* ?

Vers une nouvelle écologie du travail ?

Au fil des pages, nous nous sommes intéressés aux évolutions du travail et des activités à distance. Les derniers paragraphes suffisent à nous convaincre que notre civilisation post-industrielle est installée et va certainement connaître une formidable accélération après la maîtrise de la pandémie, grâce aux vaccinations et aux immunités collectives, non sans conserver quelques comportements protecteurs (ce qui devrait également permettre d'atténuer les effets d'autres épidémies récurrentes et hélas trop habituelles comme les grippes, gastro-entérites...). Cependant, il ne faut pas oublier que, même en imaginant que les formes de travail à distance atteignent leur potentiel optimal tel qu'estimé par les études actuelles de prospectives, la majorité des métiers et de leurs activités exigent de la proximité et du présentiel. La pandémie a montré combien tous ces travailleurs des métiers dits de premier et de deuxième rangs, moins bien rémunérés, plus occupés par des femmes, des personnes moins diplômées, issues de la diversité, constituent le socle de nos sociétés et de leur cohésion. D'un coup, ils sortent d'une forme d'invisibilité. On pourrait dire grâce au coronavirus, si ce n'est qu'elles ont été plus atteintes de la Covid-19 que les autres. Va-t-on vers une bipolarisation socio-économique, voire sanitaire, des tâches et des métiers selon qu'ils peuvent se faire à distance ou à proximité ?

Une étude récente du McKinsey Global Institute intitulée « The Future of Work after Covid-19 » s'intéresse aux transformations des métiers et des tâches entre ce qui peut se faire à distance et ce qui nécessite des relations de proximité avec des personnes, des collègues, des clients, des patients, des élèves... Elle s'appuie sur des données collectées parmi 800 métiers et 2 000 activités dans 8 pays : Allemagne, Chine, États-Unis, Espagne, France, Inde, Japon, Royaume-Uni. Ces métiers et leurs tâches impliquent des relations de proximité et des contacts fréquents avec des clients, des collègues ou des personnes à soigner, éduquer, former... ; les personnes peuvent être des habitués, d'autres étrangères et changeantes ; ces relations se font dans des locaux fermés avec une présence sur site plus constante. Donc proximité, contacts, avec des personnes connues ou pas, locaux fermés et présence imposée se conjuguent et passent, brutalement, de métiers enrichis par des interactions humaines à des métiers à risques sanitaires.

Des mesures barrières sont déjà entrées dans nos habitudes, d'autres viendront (masques, gants, écrans de protection, écarts entre les personnes...). Voilà qu'entrent en considération, par exemple, les surfaces de bureau. Dans un premier temps, plus de travail à distance amène à les réduire. Les grandes métropoles urbaines accusent déjà une augmentation significative, parfois très significative, des surfaces de bureau inoccupées, ce qui dépend de leur attractivité technologique, économique, éducative, culturelle et des indices de qualité de vie. Les nouvelles contraintes prophylactiques qui vont rapidement se muer en normes vont imposer de nouveaux aménagements des espaces, sans oublier leurs modes d'occupation et les règles de nettoyage et d'hygiène. Ça vaut aussi pour les chaînes de production. En Chine, les ouvriers respectent depuis longtemps des tenues, des comportements et des protocoles de distanciation imposés par les épidémies antérieures de SRAS, MERS-CoV et autres, ce qui leur a permis de continuer à produire pendant la crise et de mieux repartir[1].

En combinant les facteurs de proximité et de contact des métiers et des tâches, l'étude du McKinsey Institute propose un index permettant de classer les secteurs d'activité selon la fréquence des interactions entre personnes et des contraintes de travail sur site fermé.

1. T. Burki, « China's successful control of Covid-19 », *Newsdesk 20*, 110, p. 1240-1241, 1er novembre 2020.

Fréquences des actes avec des contacts avec des personnes

Soins médicaux	87 %
Soins de confort (coiffure, gymnastique…)	83 %
Magasins, contacts clients	76 %
Loisirs, restaurant, hôtels, voyage	75 %
Activités dans les résidences (entretien, assistance…)	75 %
Production, stockage intérieur	70 %
Travail de bureau informatisé	68 %
Enseignement, formation	68 %
Transport, livraison	58 %
Travail en extérieur (agriculture, construction…)	54 %

Les relations à distance et les services en ligne occultent une réalité : il n'y a pas substitution comme on l'a craint avec l'ubérisation, mais au, contraire, plus de services à la fois en ligne et en contact. L'explosion de l'économie sociale et solidaire n'a pas réduit les politiques et les implications des acteurs institutionnels traditionnels. Dans les logiques écosystémiques, plus il y a d'activité, plus cela génère d'activité. Témoins, le développement des activités de transport de personnes avec chauffeur et les livraisons de repas en restauration. Que dire des livraisons de biens pendant les confinements ? Nous sommes plus que jamais dans une économie de services de plus en plus hybride et multicanale et plus encore dans les pays les plus avancés. Cela mobilise près de 70 % des activités dans les pays de l'OCDE, environ 60 % pour ceux qui les rattrapent comme la

Chine, 40 % pour l'Inde. Au cours de la décennie 2020, plus d'une centaine de millions de personnes changeront de métier, soit plus d'un quart des métiers qui, dans leur majorité, sont moins bien payés, moins valorisés socialement, plus occupés par des femmes, des jeunes et des personnes issues des diversités et des minorités.

Ce qui a changé pendant la pandémie et comment cela perdura ou pas[1]

Activités	Avant pandémie	Pendant pandémie	Après pandémie	Commentaires
Travail à distance, visio-conférences	Peu développé	Très développé	Plus développé qu'avant la crise	Flexibilité Réduction des coûts immobiliers, CO_2…
Voyages d'affaires	Très fréquents	Très réduits	Fréquents, mais moins qu'avant la crise	Plus de visio-conférences, réduction de frais de voyages, de coût CO_2…
Voyages de loisirs	Très fréquents	Très réduits	Très fréquents	Comme avant
E-commerce	Fréquent	Plus important	Encore plus important	Confort des consommateurs, nouvelles habitudes, transactions en ligne…

1. D'après la figure 6 de « The Future of Work after Covid-19 », McKinsey Global Institute, février 2021.

Activités	Avant pandémie	Pendant pandémie	Après pandémie	Commentaires
Livraison restauration	Fréquent	Très fréquent	Important	Retour de la convivialité. Plus de demande pour les repas livrés à domicile ou sur le lieu de travail.
Courses en ligne	Fréquentes	Très fréquentes	Importantes	Retour du plaisir de faire du shopping. Plus de shopping multicanal.
Éducation en ligne	Peu utilisée	Très utilisée	Plus utilisée	Retour du présentiel, mais avec plus de compléments en ligne.
Télé-médecine	Très peu fréquente	Fréquente	Plus fréquente	Plus efficace pour les médecins et les soignants pour certains soins ou suivis. Télémédecine, médecine numérisée…
Automation et IA	En croissance	Stagnation	Fort développement	Moins de personnes in situ. Efficacité, fiabilité, rapidité. Moins de contacts interpersonnels.

Il ressort de ce tableau que les deux domaines que sont le commerce et les services en ligne vont continuer de s'amplifier, stimulés par la crise, ainsi que l'automation et le développement des machines animées par l'IA, ces dernières étant liées à l'essor des métiers scientifiques et techniques. Toutes les activités susceptibles d'être numérisées et traitées à distance bénéficieront d'un effet d'entraînement. La pandémie a multiplié par un facteur de deux à cinq les transformations estimées entre 2025 et 2030 selon les secteurs d'activité.

Les activités impliquant des relations et de la proximité humaines adopteront un régime intermédiaire. L'expérience de la pandémie a permis d'évaluer celles qui requièrent des contacts humains et celles qui peuvent se faire à distance, sans oublier d'autres à venir proposées par les machines, comme en médecine et pour l'éducation. La télémédecine n'en n'est qu'à ses débuts, d'autant qu'on passe d'une médecine de soins à une médecine de santé avec plus de prévention et de suivi en ligne (caméra, appareils et montres connectées…). Les sites de consultation médicale en ligne connaissent un développement exponentiel dans tous les pays avancés Dans l'enseignement, basculer d'un modèle d'éducation de masse à des approches plus personnalisées, sur mode projet pour des groupes avec acquisition critique des informations et des connaissances en ligne et de mode de collaboration, de restitution… Ça bouge plus qu'on se le représente en général à l'Éducation nationale.

Le domaine de la restauration retrouvera son dynamisme en raison de ses hautes valeurs anthropologiques et sociales tout en bénéficiant de nouvelles demandes pour les livraisons de repas à domicile ou sur les lieux de travail. Il y aura certainement des évolutions importantes pour les centres-villes mais aussi dans leur périphérie, prolongeant la tendance très marquée des livraisons de repas. Là aussi, il y aura des machines avec de plus en plus d'assistants vocaux et de robots conviviaux : accueil, réservations, barmen, service…

Le secteur du voyage, professionnel ou de loisir, reprendra ses ailes, certainement moins dues à des transformations liées à la numérisation des tâches et en partie gérables à distance qu'à des changements d'attitudes des voyageurs. Par exemple, les critiques sur le tourisme de masse et ses effets délétères sur les sites et dans les villes les plus visités du monde. Les compagnies aériennes vont devoir réfléchir à l'évolution de leur clientèle, celle d'affaires, la plus rentable, devenant moins importante, tandis que le *low cost* subit la crise de plein fouet. L'explosion, la qualité et l'inventivité des dispositifs de réunions et d'échanges en ligne mis à disposition par les grands opérateurs du numérique explosent, d'autant qu'ils s'avèrent dans bien des cas plus efficaces que les réunions en présentiel. Évidemment, cela ne s'applique pas aux rencontres pour des négociations, des prises de décisions stratégiques, le brainstorming, les premières étapes des méthodes agiles ou de *design thinking*, les retours d'expériences et leurs évaluations critiques, l'incorporation de nouveaux collaborateurs… Mais cela intervient de plus en plus pour les phases de préparation et de suivi. À cela s'ajoutent les sensibilités sur les pollutions et les nuisances qui imposent de nouvelles contraintes de la part des gouvernements ou de l'Europe, sans oublier que les personnes elles-mêmes ne prendront plus l'avion de la même façon.

Plus largement, ces considérations vont affecter tous les moyens de transport, notamment automobile. Les pollutions sont devenues la première cause mondiale de mortalité et de morbidité d'après l'OMS depuis 2018. L'expérience de la pandémie a d'un coup éclairci le ciel au-dessus des villes et réduit leurs nuisances avec une prise de conscience qui, on l'espère, infléchira nos comportements.

Un autre domaine, non investi dans la plupart des études, touche à la culture et à l'événementiel. Ils repartiront aussi vite qu'ils ont été brutalement stoppés et sur la durée, non sans innovation. Le streaming s'est imposé, continuant de bousculer les médias et la création audiovisuelle, à l'instar de Netflix et de l'explosion des créations de séries de très bonne qualité partout dans le monde. Les artistes, dans tous les domaines, ont exploré de nouvelles formes de création et de diffusion. Pour l'événementiel, les mises en scène sur les plateaux adoptent des hybridations de plus en plus complexes entre les prestations physiques et numériques, en attendant les hologrammes.

Si, globalement, entre 20 % et 25 % des activités, tous métiers confondus, peuvent muter avec trois à cinq jours de travail à distance par semaine dans les pays les plus avancés – soit en moyenne quatre fois plus qu'avant la pandémie –, il n'en sera évidemment pas de même dans tous les secteurs économiques. (Cette proportion moyenne tombe à 10 % dans les pays dits émergents.)

Ces tendances générales dissimulent de grandes disparités par secteur. D'un côté, ceux liés à l'automation, à l'informatique, au traitement des données, à la robotique, l'IA… mieux rémunérés et avec beaucoup d'activités opérables à distance ; de l'autre, la *gig economy* avec collectes et indexations de données, transport et distribution, surtout les problématiques du dernier kilomètre des livraisons pour tout ce qui est commandé en ligne[1]. Cependant, une partie de ces activités de transport et de livraison sera accaparée par des véhicules autonomes, gérés en ligne, mais aussi des robots, des drones… Les personnes impliquées dans la *gig economy* sont celles qui passent régulièrement d'un domaine à l'autre, avec des contrats précaires, des emplois du temps saccadés, qui cumulent plusieurs emplois, doivent se déplacer avec des parcours et des horaires peu commodes, sans oublier de piètres conditions de logement.

Les études de prospectives estiment qu'une proportion importante des activités de la *gig economy*, de l'ordre de plus d'un cinquième, disparaîtra dans la décennie présente dans les pays les plus avancés. Cela s'inscrit dans la tendance générale de la disparition des activités de routine. Cependant, je suis agacé par tous les thuriféraires naïfs des transformations numériques des métiers et des tâches qui clament : « Réjouissez-vous, les machines prendront les tâches pénibles, répétitives, ennuyeuses, stressantes… » Vieux rêve ressassé à chaque fois que pointe une révolution technologique généralisée et qui recoupe ce que trop de philosophes assènent du haut de leur savoir – ils n'ont guère été impactés par le confinement, comme tous les métiers intellectuels, créatifs et de la connaissance, comme le mien –, comme quoi nous passerions du *travail* à l'*œuvre*. Et de citer les grands philosophes, de la Grèce classique à

1. « What is the last mile delivery? Analyzing problems and cost », e.ecommerce-nation.com, 22 octobre 2018.

Hannah Arendt[1]. Ça n'est jamais arrivé. Mais on peut toujours rêver. En attendant, la réalité est tout autre pour les sapiens qui travaillent dans la *gig economy*. Si les machines contribuent indéniablement à améliorer les exécutions des tâches, notamment avec les robots collaboratifs ou cobotique[2], les machines numériques, comme celles du premier âge des machines, créent toujours ce qu'on appelait un « lumpenprolétariat » ou des « *tuckers* », ces gens qui cliquent toute la journée à des rythmes infernaux pour collecter et indexer des données pour nourrir les logiciels d'apprentissage machine ou d'apprentissage profond[3].

Il y a néanmoins une tendance à une diminution des tâches répétitives et pénibles. Des robots tueurs de Covid arrivent dans les hôpitaux, apportant un soutien considérable et très efficace aux personnels d'entretien. Dans les villes apparaissent des voitures-balais autonomes. Ailleurs, des robots pour l'accueil et l'orientation ou encore des assistants vocaux, etc. Pour autant, ces évolutions impactent différemment les secteurs. Dans celui des transports, notamment avant le dernier kilomètre, les véhicules autonomes vont prendre rapidement une part croissante, supprimant les emplois principalement d'hommes peu diplômés[4]. Plus largement, les métiers des plus bas revenus ou des revenus moyens inférieurs disparaîtront en partie ou connaîtront des transformations avec les machines. Les femmes, les personnes peu diplômées, les jeunes, les personnes issues

1. « Enquête sur la fusion du travail et de la vie », *Philosophie magazine*, n° 144, novembre 2020.
2. *Homo numericus au travail, op. cit.*
3. P. Picq, *L'intelligence artificielle et les chimpanzés du futur, op. cit.*
4. « The Weaker sex », *The Economist,* 7 mars 2015.

des diversités, les immigrants composent une cohorte de quelques centaines de millions nécessitant de la formation dans la décennie qui vient, principalement dans les secteurs de la vente en magasin, de la restauration rapide ou à emporter, d'accueil, des activités de bureau peu qualifiées, des entrepôts et des transports. Deux tiers des activités correspondant aux métiers les moins bien payés vont être affectés, exigeant soit de changer, soit d'obtenir de nouvelles compétences ; près de la moitié pour les revenus moyens et un cinquième pour les mieux rémunérés. Un immense défi pour les années à venir pour, selon les pays les plus avancés, 10 à 25 % de la population active.

À noter aussi l'arrivée sur le marché de l'emploi d'activités jusque-là non rémunérées, comme celles, si nombreuses, effectuées majoritairement par les femmes : garde d'enfants, soutien scolaire, courses, ménage... Si les femmes, qui sont en moyenne plus diplômées que les hommes, obtiennent enfin les postes et les rémunérations qu'elles méritent, alors les tâches domestiques seront effectuées par des personnes rémunérées. Et c'est là qu'on découvre, d'un coup, que ces activités participent de la richesse d'une société – c'est chiffré – alors qu'invisibles au PIB jusqu'à présent.

Tout cela ne supprime pas des métiers, si ce n'est affecter leur importance socio-économique relative, mais augmente la diversité des tâches dans chaque métier et les compétences requises. De fait, on entre dans une autre logique socio-économique : passer d'une logique de l'emploi à une logique du travail et des activités[1].

1. P.-Y. Gomez, *Le travail invisible. Enquête sur une disparition*, François Bourin éditeur, 2013.

C'est tout simplement une profonde révolution en cours. Les politiques des ressources humaines basées sur le diplôme et l'expérience – les acquis – évoluent vers la recherche de compétences, la flexibilité et l'adaptabilité pour de nouveaux acquis. Pas un métier n'échappe aux transformations. La formation devient l'atout principal de l'économie du futur immédiat. La formation en interne se montre plus efficace et plus rentable que la recherche de compétences externes, à condition de s'inscrire dans une perspective d'évolution professionnelle bien définie. Ce n'est pas une remise en cause des expériences acquises ni des diplômes, mais on passe de « ce que j'ai fait » à « ce que je pourrais faire ».

Les entreprises devront veiller à maintenir leur cohésion culturelle avec les nouvelles formes de travail, notamment à distance, mettre en place les bonnes pratiques et éliminer les autres, assurer la communication et la diffusion des informations, stimuler les échanges, favoriser les formes de mentoring en interne et aussi pour les entrants, accueillir plus de diversité et, finalement, être inclusives. Tout cela dans un contexte général du développement de l'automation, de la robotique, de l'IA et toutes les technologies du numérique, de l'information et des données, les changements sociétaux comme les problématiques environnementales et de biodiversité[1].

---

1. Malpass D., « Assurer une reprise verte, résiliente et inclusive », discours du président de la Banque mondiale, 29 mars 2021 ; « The Future of Nature and Business », World Economical Forum Report II, 2020, janvier 2021 ; « Better Business, better World », ONU-Business and sustainable Development Commission, janvier 2017.

Vaste programme bien plus que déjà engagé. Les États et les gouvernements, accusés de tous les maux selon les thuriféraires libertariens du marché, ont prouvé leur utilité. Le keynésianisme s'impose à nouveau, dans son esprit, mais pas avec les mêmes réponses qu'il y a un siècle. Les gouvernements ne se sont pas trompés en mettant en place des aides pour protéger l'emploi et préserver les compétences, mais aussi, fait nouveau, en soutenant les entrepreneurs et les travailleurs indépendants. On sait que la majorité des créations d'emplois à venir avec de nouvelles compétences se fera des entreprises de petites et moyennes tailles. Les grands acteurs du numérique, que ce soit aux États-Unis ou en Chine, investissent des sommes considérables pour la transformation numérique de ces entreprises, comme pour le *cloud computing*. D'emblée, une partie importante des activités se fera à distance. Quel défi pour la politique et la gouvernance entre la menace des populismes soutenus par des personnes ne percevant que les pertes, sans perspectives d'avenir, et les autres qui participent de la nouvelle économie et confiants dans les gains ? Nous serons vite fixés avec les élections à venir, en espérant que celle du président Joe Biden soit d'un bon présage.

Résumé et conclusion du chapitre

Une fois de plus, et il faut vraiment insister sur ce point, le développement du travail à distance se pense encore trop dans l'imaginaire des entreprises du premier âge des machines avec des lieux de production dédiés et des tâches d'exécution spécialisées. On passerait alors d'une réalité centripète à une organisation centrifuge. Hormis les relations sociales au sein de l'entreprise, se pose de la même façon les questions du sens et de l'humain. Quelles différences entre exécuter des tâches in situ distribuées par le management et celles effectuées à distance ? Quelle est la qualité des liens sociaux avec les horaires décalés, les obligations de partir très vite pour s'occuper des enfants ou des obligations de la vie privée ? Dans un cas, c'est plus d'interactions sociales et professionnelles au sein de l'entreprise mais moins pour la vie privée et inversement[1]. Aux uns, aux unes et aux autres de peser le pour et le contre, ces exigences et ces contraintes ne sont pas du tout les mêmes pour les juniors, les séniors et celle et ceux qui, entre ces pôles de la vie professionnelle, ont des enfants.

Les transformations hybrides du travail requièrent une cohésion culturelle de l'entreprise, une appartenance à une communauté d'acteurs à la fois en présentiel et à distance. Conscientes des conditions nécessaires à leur cohésion, des entreprises ayant recours massivement au travail à distance imposent à leurs nouvelles recrues de passer une année ou plus dans leurs locaux le temps de connaître leurs organisations, leurs responsables et leurs collègues. Rien de moins anthropologique comme les rituels d'initiation. Les DRH se montrent très sensibles aux risques de perte de relations sociales, quantitatives ou qualitatives. Autre aspect anthropologique considérable, les difficultés potentielles pour des personnes à trouver, établir et entretenir des relations auprès des membres

1. « Travailler ou vivre », *Harvard Business Review*, n° 5, octobre-novembre 2014.

séniors pour leur promotion. Ce problème est bien identifié, par exemple, pour les femmes à haut potentiel, plus encore pour celles issues des diversités[1]. Les transformations du travail et des entreprises renouent avec des questions fondamentales d'anthropologie sur les notions de communauté, de valeurs, de solidarité, de culture, de vision partagée, de parcours de vie… Sur ce dernier point, les entreprises déjà averties de leurs expériences avec la génération Y vont devoir s'adapter et attirer des femmes et des hommes qui n'ont pas du tout la même vision de la carrière, de l'équilibre vie privée/vie professionnelle, de la parentalité, sans oublier l'importance qu'ils portent aux questions sociétales et environnementales.

Ces transformations concernent tout le monde dans les entreprises, mais aussi les actionnaires, les clients comme les parties prenantes externes. Tout le monde va devoir se former. D'abord, c'est excellent sur le plan cognitif puisqu'on stimule l'adaptabilité cérébrale et sociale. Et rappelons que nous appartenons à un groupe d'espèce très rare chez laquelle les individus peuvent apprendre tout au long des âges de la vie et, si on le fait, on vit mieux et plus longtemps. Donc beaucoup de gains en perspective et, en langage de singe capucin, pas de quoi avoir les jetons puisque, de toute façon, il y aura des pommes pour tout le monde.

1. « Women in the Workplace 2020 », McKinsey Global Institute, 30 septembre 2020.

Chapitre 4

L'évolution humaine au travail

De la redistribution chez les singes

Destruction, création, adaptation

Préambule anthropologique : de la redistribution chez les singes

Depuis quelques années, et davantage avec la pandémie, on parle de plus en plus du concept de destruction créatrice de Joseph Schumpeter. Il est l'un des premiers économistes à s'intéresser aux théories de l'évolution, considérant *L'origine des espèces* de Charles Darwin comme l'un des plus grands livres scientifiques jamais écrit. Ce qui l'intéresse, c'est comment de nouveaux caractères émergent et comment, si sélectionnés, ils changent l'adaptation d'une espèce. L'articulation darwinienne variation/sélection épouse l'articulation schumpétérienne d'invention/innovation. Jusque-là, tout va bien d'un point de vue évolutionniste ; c'est le même algorithme. Ce qui change entre les espèces dans la nature – dont les humains – et les sociétés humaines – là, uniquement les humains –, ce sont les mécanismes d'apparition de ces variations ou inventions qui font l'objet d'un champ de recherche considérable depuis deux siècles. Mais il y a un autre problème à propos de destruction et de création : le spectre de Thomas Malthus.

Sans entrer dans le détail, Malthus est honni pour son opposition aux lois sur les pauvres à la fin du XVIIIe siècle (*The poor Act*). Un siècle plus tard, Herbert Spencer, l'inventeur du darwinisme social, se saisit de la théorie scientifique de Darwin pour en faire une politique d'élimination des pauvres. Il ne manque plus que d'ajouter l'eugénisme de Francis Galton, cousin de Charles Darwin, et la messe est dite. Alors, pas besoin de plus d'explications pour comprendre l'aversion des esprits humains et des sociétés pour le concept de destruction créatrice avec cet argument trop souvent avancé : c'est une loi de la nature ! Qu'en est-il ?

En 1910, le théoricien anarchiste Piotr Kropotkine publie *L'entraide. Un facteur de l'évolution*. Au cours de ses expéditions en Sibérie avec exemplaire de *L'origine des espèces* de Darwin dans ses bagages, il observe de nombreux cas d'entraide entre les individus d'une espèce et même entre espèces[1]. Un siècle plus tard, Frans de Waal publie *L'âge de l'empathie. Leçons de la nature pour une société solidaire*[2]. Deux exemples, toujours avec les singes capucins et les chimpanzés.

Dans un dispositif expérimental, deux capucins se trouvent chacun dans une cage. Ils peuvent se voir et se toucher au travers d'une grille de séparation. Devant eux, un bol de nourriture sur une planche et deux cordes atteignables par chacun des deux singes. Le bol se trouve devant l'un des deux. Cependant, il comprend vite que s'il tire seul, tout va choir. Alors, il sollicite son compagnon qui comprend et ils tirent de concert. Celui qui reçoit le bol partage avec son compagnon. Pourquoi ? D'abord par reconnaissance, certainement de l'empathie et aussi parce qu'il ne faut pas spolier l'avenir, des fois qu'un plus gros bol se présente devant son compagnon dans une prochaine expérience.

1. P. Picq, *Le retour de Madame Neandertal*, Odile Jacob, 2015.
2. Les liens qui libèrent, 2010.

Toujours avec nos capucins, on les récompense avec des concombres à chaque fois qu'ils réussissent des tâches complexes de manipulation. Les routines s'installent comme les salaires en concombres. Puis à un moment, alors qu'ils opèrent toujours de même, on augmente la récompense de l'un des deux avec des raisins. Il est content, évidemment, mais pas l'autre, qui envoie tout balancer. Injustice et inégalité.

Passons aux chimpanzés. Ils sont trois, deux dans une grande cage, le troisième avec des chercheurs. Ce dernier réalise avec succès des tâches complexes et reçoit des pommes. Il les mérite, mais ne manque pas d'en offrir aux deux autres, qui n'ont rien fait. Redistribution. Pourquoi ? Empathie, bien sûr, mais aussi prévenance. Car après la séance, tous se retrouvent dans un grand enclos. Tout va bien, sauf si se présente un événement qui provoque de la tension. L'acceptabilité montrée par les deux qui n'ont rien fait peut se transformer en frustration et conduire à une situation tendue, voire violente à l'encontre du gentil.

On l'aura compris, la bipolarisation entre les métiers les plus favorisés dans nos sociétés en cours d'évolution ne peuvent pas ne pas prendre en compte les situations de plus en plus détériorées des personnes de la *gig economy*.

Toujours à propos d'empathie, comment percevoir les états psychologiques des collaborateurs au travers des écrans et des réseaux ? Le travail à distance ne permet pas les contacts physiques, si importants dans nos sociétés de singes, de grands singes et humaines. (C'est l'épouillage, et on sait combien les coiffeurs et les esthéticiennes ont manqué pendant les confinements[1]. Les machines, les logiciels et l'intelligence artificielle proposent des moyens d'alerte de plus en plus précis. Il ne s'agit pas de contrôler, mais d'accompagner et de prévenir. Question : est-ce que l'empathie peut passer par les écrans et les micros ? Y a-t-il la possibilité d'un épouillage numérique[2] ? Absolument. Un des comportements les plus empathiques est le bâillement. Les chimpanzés réagissent très sensiblement au bâillement de l'un des leurs sur un écran et se mettent à bâiller. Mais ça dépend aussi de qui bâille. Si c'est un dominant, c'est le bâillement généralisé (là, mieux vaut arrêter la réunion). Si c'est un individu peu influent, peu d'imitation, mais gare tout de même à la réaction des dominants qui ne bâillent pas (là, mieux vaut reprendre la réunion)[3].

Plus largement, et à partir de mes expériences de conférences et de réunions en ligne, les comportements de trop de personnes vont à l'encontre des bases éthologiques les plus élémentaires de la participation à des activités

---

1. P. Picq, *Premiers hommes*, *op. cit.*
2. « A World deprived of Touch », *The Economist* 438 (9233), p. 45-46, mars 2021.
3. L. Newbern, « Chimpanzee empathy is key to understanding human engagement », Woodruff Health Science Center, Emory News Center, 12 mars 2014 ; M. Campbell, F. B. M. de Waal, « Chimpanzees empathize with group mates and humans, but not with baboons or unfamiliar chimpanzees », Proceedings : The Royal Society Publishing, 7 mai 2014 ; M. Campbell, F. B. M. de Waal, « Ingroup-outgroup bias in contagious yawning by chimpanzees support links to empathy », PloS One 6(4), 2011 ; J. R. Anderson, M. Myowa-Yamakoshi, T. Matsuzawa, « Contagious yawning in chimpanzees », The Royal Society Publishing, 2004 ; M. Campbell, D.J. Carter, D. Proctor, L. Eisenberg ; F. B. M. De Waal, « Computer animation stimulate contagious yawning in chimpanzees », The Royal Society Publishing, 9 septembre 2009.

collectives. Ce n'est pas parce qu'on ne peut pas épouiller qu'il ne faut pas prêter attention à sa tenue, sa position, ses mouvements et au cadre visible de la pièce derrière soi. Une éthologie digitale et une anthropologie du numérique deviennent nécessaires pour assurer la cohésion et l'esprit d'appartenance des collaborateurs[1].

★★★

Destruction, création, adaptation

Pas de société sans travail

Les articles, les tribunes, les émissions, les blogs et autres annonçant l'effondrement du travail, de nouvelles formes d'exploitation, l'aggravation des inégalités, etc., envahissent nos médias[2]. Réflexe psychologique et profondément anthropologique face aux changements et aux incertitudes avec la tendance à ne considérer que les pertes ou les destructions, qu'elles soient effectives ou imaginaires. À l'opposé s'expriment les opinions de ceux qui sont confiants dans l'avenir, avec la création de nouveaux métiers et une amélioration pour les tâches ingrates persistantes dans trop de métiers. C'est la problématique de la destruction créatrice.

Seulement, nous sommes des humains et notre rationalité comportemento-cognitive découle d'une longue évolution avec des réactions face au changement que nous partageons avec les singes et les grands singes. Les

1. D. Miller, *Digital Anthropology*, Berg Publishers, 2012.
2. P.-Y. Gomez, *Le travail invisible*, *op. cit.*

travaux d'économie comportementale, comme ceux de Daniel Kahneman, et d'éthologie comparée mettent en évidence une rationalité psychologique partagée avec nos cousins d'évolution et leur « cerveau social » qui remonte très loin dans notre évolution : l'aversion pour les pertes. Quand une situation se présente, nous avons tendance à assurer ce que nous considérons comme acquis ou des gains, ce qui s'accompagne d'une aversion pour les pertes. Si on revient aux différences entre les causes immédiates et les causes ultimes, il devient évident que, dans un premier temps et pour la majorité des individus, les réactions immédiates visent à maintenir ce qui est acquis ; ce qui se comprend pour les individus, mais ériger en religion des acquis et du non-changement en France. Le vrai enjeu pour le management du changement et pour les dirigeants consiste donc à favoriser le consentement pour passer de l'aversion des pertes à la possibilité de nouveaux gains[1]. Plus généralement, toutes les aventures, toutes les évolutions des affaires humaines se jouent dans les aptitudes à faire franchir le pas.

Cela vaut encore plus au niveau des gouvernements et des décisions politiques. L'Europe, où il fait si bon vivre, et particulièrement la France, entretient une culture des acquis qui risque de nuire à sa capacité d'adaptation, et ce malgré ses réelles potentialités. Nos démocraties peuvent-elles relever les nouveaux défis ? Pas besoin d'être politologue et encore moins philosophe de la politique pour savoir combien les mandats courts sont devenus propices à se

1. T. Alla et B. Schaninger, « The boss factor : making the world a better place through workplace relationships », *McKinsey Quaterly*, 2020.

préoccuper davantage des causes immédiates que des causes ultimes. C'est un problème majeur avec les difficultés à réformer dans tous les pays du monde, ce qu'on range dans la rubrique « crise des démocraties[1] ». C'est un immense problème de gouvernance, identifié et discuté depuis plus de deux décennies, mais qui n'a toujours pas trouvé de réponse. De toute façon, il n'y aura pas une seule réponse. Les différentes régions du monde ont réagi de différentes façons qui correspondent, évidemment, à leurs cultures, leurs modèles socio-économiques et leurs systèmes politiques. Quelles ont été les réponses les plus efficaces ? Pour l'heure, les pays asiatiques s'en sortent le mieux, mais précisons que le modèle chinois n'est pas celui de la Corée du Sud, de Taïwan, du Japon ou encore de Singapour, pour ne citer que les bons élèves. Des réponses différentes aussi dans les Amériques, notamment en Amérique du Nord entre le Canada et les États-Unis comme entre les différents États. Quant à l'Europe, c'est la valse des confinements, déconfinements, immunité collective ou pas... Plus largement, on ne peut pas affirmer en cette fin de printemps 2021 que le système libéral anglo-saxon, celui encadré européen ou celui dirigé chinois soit le meilleur. La Chine, si on accepte les statistiques connues, pourrait se distinguer comme le modèle le plus efficace, mais c'est oublier les autres pays asiatiques. Pour ce qui est des vaccins, même les Russes ont trouvé le leur. Quels seront les plus efficaces de ces vaccins, russes, chinois, américains, britanniques... ? Pour l'heure, pas assez de recul et la panique digne des phobies millénaristes autour de celui

1. P. Picq, *Qui va prendre le pouvoir ?* et *Une époque formidable*, *op. cit.*

d'Astra-Zeneca montre que le problème est plus politique, voire irrationnel, que médical. Dommage, la Suède était le seul pays d'Europe occidentale, depuis le Brexit, à avoir contribué à la mise au point d'un vaccin. Si on ajoute l'impéritie de l'administration européenne, notre vieux continent est bien malade. Et on sait comment la Covid-19 cible les vieux atteints de comorbidité. L'Europe n'invente pas ses vaccins, mais régule ceux inventés par les autres et tarde à vacciner ses populations. Il en va de même pour l'intelligence artificielle et les réseaux numériques. L'Europe régule et invoque les droits et l'éthique. Très bien, mais encore faut-il en avoir la volonté à défaut d'en avoir les moyens, comme l'illustre la couverture du numéro du *Courrier International* 1582 de la fin février 2021 où on voit la présidente de la Commission européenne en dresseur de fauves juchée sur une estrade de cirque sermonnant un ours, un dragon et l'Oncle Sam, bien plus grands et très dubitatifs.

Malgré de très belles entreprises et un dynamisme entrepreneurial en Europe, les innovations butent contre des réglementations obsolètes, passées de protectrices à paralysantes. Les investissements dans l'économie de plateforme, par exemple, représentent à peine 5 à 10 % des investissements mondiaux, dont les trois quarts rien que pour les États-Unis, et un cinquième pour la Chine[1]. L'économie de plateforme est une des formes de travail et d'activité à distance[2]. Ce qui nous ramène à l'évolution du travail dans des sociétés de plus en plus numérisées.

1. *The Innovator* (*Les Échos*), 9 janvier 2019.
2. *Des machines, des plateformes et des foules*, *op. cit.*

Nous sommes devenus une colonie numérique malgré nos potentialités et ça risque d'être encore plus grave avec les transformations du travail et la tentation de revenir dans la situation pré-Covid. Les gouvernements chercheront coûte que coûte à maintenir des secteurs économiques avec trop de grandes entreprises encore riches d'emplois, mais incapables de se transformer aux dépens des entreprises de petite et de moyenne tailles créatrices des emplois de demain[1]. Car ce qui se joue n'est rien moins qu'une dissociation entre emploi, travail et rémunération. Les aversions pour les pertes ne manquent pas.

À chaque émergence de nouvelles technologies généralisées, c'est-à-dire modifiant à la fois les modes de vie privée comme les moyens de production et le travail, les sociétés humaines changent de civilisation[2]. Que ce soit avec le feu et l'habitat il y a deux millions d'années lors de l'émergence des premiers hommes[3], les inventions des agricultures, les âges des métaux, les révolutions industrielles avec la vapeur, l'électricité, la chimie, le pétrole ou aujourd'hui le numérique, se met en place une nouvelle synthèse civilisationnelle avec de nouveaux moyens de communication et de diffusion des informations et des connaissances ; de nouveaux processus de production et de distribution ; de nouveaux types de transport ; de nouvelles énergies ; de nouveaux matériaux ; de nouvelles classes sociales ; de nouveaux modes de travail et de rémunération ; une évolution de la qualité de vie et

1. Z. M. Beddoes, « L'année d'après », *Le Monde en 2021, The Economist/Courrier International* HS, janvier-février-mars 2021.

2. Pour un aperçu, *Qui va prendre le pouvoir ?*, Annexe, *op. cit.*

3. *Premiers hommes*, *op. cit.*

de la santé ; le statut des femmes ; les relations avec les autres peuples ; de nouvelles formes de gouvernance et, à chaque fois, une expansion démographique à l'échelle mondiale avec des conséquences écologiques... et une autre mondialisation. Pour la période précédente que nous venons de quitter, ce fut l'électricité, la chimie, le pétrole et le nucléaire ; les matériaux composites et les plastiques ; les automobiles et les avions ; les télécommunications et l'informatique ; un accès comme jamais à l'éducation, à la culture et aux loisirs ; une augmentation de plus de deux décennies de l'espérance de vie en bonne santé ; une diversité des formes de familles et de procréation ; la qualité de l'habitat et l'urbanisation ; les premières générations qui n'ont jamais connu la faim ; les acquis sociaux ; les démocraties universelles, les libertés, les droits des femmes et des minorités... Quel succès pour les pays les plus développés, rattrapés récemment par d'autres qui aspirent à rejoindre ce modèle ! Mais on a oublié que dans l'évolution, plus une espèce accroît son succès démographique et son impact écologique, plus elle modifie de fait les environnements dans lesquels elle a puisé les ressources de son succès. Elle doit s'adapter d'autant plus drastiquement à ces conséquences qui imposent de nouvelles adaptations. Autrement dit, nous vivons encore très bien, mais déjà de moins en moins bien, sur les adaptations de notre passé aussi récent que fulgurant en termes de transformations[1]. Bonne nouvelle cependant, on a les moyens de construire un changement de civilisation ; reste à en avoir la volonté[2].

---

1. *Sapiens face à Sapiens*, *op. cit.*
2. *Une époque formidable*, *op. cit.*

Les technologies ont toujours été, et comme jamais pour le XXe siècle, le moteur de ces évolutions. Ce que savent fort bien les préhistoriens depuis deux siècles tout en insistant sur les travaux d'André Leroi-Gourhan qui, il y a plus d'un demi-siècle, inspire tout un courant de pensée sur les sociétés humaines et les techniques, comme récemment ceux de Bernard Stiegler. Ces évolutions émaillent le long Paléolithique et ses différents âges de la pierre, puis le Néolithique et les agricultures, suivis d'une accélération depuis l'émergence des grandes civilisations dans toutes les grandes régions du monde. Après la Renaissance, la civilisation occidentale scientifique, technique puis industrielle engage un processus de transformation sans précédent depuis les deux derniers siècles qui finit par s'imposer au reste du monde. Francis Fukuyama affirme que c'est la fin de l'histoire, la civilisation occidentale ayant triomphé après la chute du mur de Berlin ; d'autres que nous sommes dans la mondialisation heureuse (la mondialisation a eu, globalement, des effets très positifs mais, comme toujours dans l'évolution, jusqu'à ce que les effets négatifs ne viennent gâcher l'engouement). Euphorie et naïveté qui ne résistent pas à ce qu'est l'évolution. Ainsi se termine le premier âge des machines qui, pourtant, connaît déjà de profondes transformations endogènes avant la pandémie. Elles s'affirment au cours de la première décennie du XXIe siècle et s'intensifient dans la deuxième décennie que l'on vient de quitter. C'est là qu'arrive un coronavirus qui, par un processus brutal de sélection naturelle, accélère les transformations en cours. Questions : est-ce que le deuxième âge des machines dans un monde jamais aussi peuplé et connecté va accoucher d'une nouvelle civilisation numérique avec des changements comparables dans leurs conséquences globalement positives, notamment en termes de richesses, à ceux connus au cours de l'évolution humaine ?

La question technique, pour reprendre l'interrogation philosophique de Martin Heidegger, mais d'un point de vue plus prosaïque et évolutionniste, a toujours été au cœur des processus co-évolutifs qui caractérisent la lignée humaine depuis deux millions d'années. Elles ont pour première conséquence de créer plus d'activité et de travail[1]. Depuis l'émergence du genre *Homo*, les évolutions biologiques, morphologiques, physiologiques et cognitives des nombreuses espèces humaines, dont la nôtre, Sapiens, s'associent à leurs environnements techniques et culturels (coévolution). Cependant, il y a toujours eu une coévolution avec les autres organismes vivants, les innovations techniques et culturelles ayant aussi provoqué l'émergence de nouvelles maladies, hier les intolérances au lactose, au gluten ou autres, mais aussi la majorité des maladies infectieuses épidémiques, comme les grippes, provenant de zoonoses, à cause des animaux domestiques et, on le sait maintenant, les contacts avec les faunes sauvages sont responsables des deux tiers des maladies infectieuses[2].

À cela s'ajoutent les conséquences de nos modes de vie, comme de nos jours avec l'urbanisation, les modes de

---

1. Pour une analyse aussi pertinente que désopilante de cette logique, lire ou relire *Pourquoi j'ai mangé mon père ?* de Roy Lewis.

2. Ph. Henley, « Covid-19 and One Health », *JBI Evidence Synthesis*, 18 (6), juin 2020 ; G. Rabozzi *et al.*, « Emerging zoonoses : the "One Health Approach" », *Safety and Health at Work*, juin 2021 ; voir aussi le site de l'Organisation mondiale de la santé ou World Health Organization.

transport et les pollutions. Jusqu'il y a peu, l'idéologie du progrès se focalisait sur les acquis objectifs comme ceux fulgurants de la deuxième moitié du XXe siècle évoqués plus haut, notamment avec l'idée que les humains, par leur génie et leur créativité, s'étaient affranchis des contraintes de la nature et, qu'après tout, même si celle-ci en pâtit, on trouvera toujours d'autres solutions techniques ; c'est la doctrine du *solutionnisme*, socle de l'idéologie transhumaniste individualiste, peu sociétale et radicalement anti-écologique. Un minuscule coronavirus a étouffé leurs prétentions utopiques, du moins pour un temps.

Si on n'arrête pas les technologies, en est-il de même pour le progrès ? Nous entrons dans une période complexe marquée par de nombreuses dissociations. Une interrogation sur les liens considérés comme consubstantiels entre progrès et technique et, comme déjà évoqué, entre l'emploi, le travail et les rémunérations. Plus largement encore, des tâches rémunérées jusque-là risquent de ne plus l'être, et d'autres qui ne l'étaient pas vont le devenir, comme celles considérées comme domestiques et restées trop longtemps invisibles aux indices économiques comme le PIB. Là encore, le sujet n'est pas nouveau mais revient en force dans le cadre des changements actuels, comme la question du revenu universel de base. Reprenons tous ces points réactivés par la question du travail à distance et du télétravail.

Technologies, progrès et richesse

Une large rétrospective anthropologique, comme celle si familière de l'hominisation traduisant la volonté d'évolution nietzschéenne de l'homme pour s'affranchir des contraintes de la nature, illustre on ne peut plus explicitement l'idéologie de progrès par et pour les techniques. La nature campe la grande ennemie, tout comme les femmes. Dans ces grandes fresques dignes de l'iconographie stalinienne, les outils sont aux mains des seuls hommes – les mâles – au service de leur volonté de puissance et de leurs pathologies de la domination masculine sur tout ce qui les entoure. Toutes les reconstitutions de l'évolution des sociétés humaines impartissent les innovations techniques et sociétales aux seuls hommes, ce qui n'est évidemment pas sans conséquences sur la place des femmes et des minorités pour les capacités d'adaptation de nos sociétés avec le développement des formes de travail à distance et à domicile. Si les femmes ont toujours plus travaillé que les hommes – des premières économies de subsistance de chasse et de collecte à celles d'aujourd'hui –, leur situation n'a pas progressé et, sur bien des aspects, s'est même détériorée comme au cours de la pandémie actuelle[1]. Conséquence : un progrès par les techniques envisagé seulement du côté des hommes, ce qui soulève beaucoup de problèmes pour l'évolution du travail à distance et à domicile.

Cette esquisse très générale vaut pour toutes les populations humaines actuelles, si ce n'est à de rares exceptions[2]. Pour la seule Europe, les études décrivent un gradient nord-sud de la répartition des tâches domestiques et professionnelles, dont les origines remontent à des archaïsmes anthropo-

1. *Et l'évolution créa la femme*, et *La mal-mesure de la femme*, *op. cit.*
2. World Economical Forum, Global Gender Gap Report, 2020 ; *Et l'évolution créa la femme*, *op. cit.* ; Organisation internationale du travail, *Le travail à domicile. De l'invisibilité au travail décent*, janvier 2021 ; UN Women, « From insights to action – Gender Equality in the wake of Covid-19 », 2020.

logiques remontant à des milliers d'années[1]. Des rives de la Baltique à celles de la Méditerranée, on passe d'un quasi-équilibre de toutes ces tâches à un déséquilibre très marqué. C'est dans les pays du nord de l'Europe que le télétravail est le plus développé. Il faut donc inscrire le développement du travail à distance et du télétravail dans leurs contextes anthropologiques, une dimension trop rarement prise en compte, si ce n'est ignorée. En d'autres termes, le télétravail à domicile ne peut se développer et devenir un facteur de développement personnel, familial, professionnel et sociétal qu'à la condition de répartir équitablement les tâches domestiques et les obligations de la vie privée.

Des études récentes mettent en évidence que plus des pays ou des régions du monde ont adopté précocement de nouvelles technologies, plus elles ont augmenté leur richesse avant les autres, en tout cas telles que mesurées par le PIB[2]. Est-ce que cela va continuer ainsi ? Jusqu'à présent, toutes les révolutions technologiques ont créé plus de travail. Il suffit, par exemple, de suivre l'évolution des emplois dans le monde depuis un demi-siècle ; c'est très impressionnant. En ce qui concerne les femmes, et rien que pour la France, il y a actuellement presque autant de femmes (13 millions) que d'hommes (13,7 millions) dans la vie active, surtout depuis trois décennies, mais pas à parité dans les mêmes professions, surtout techniques, et avec plus de contrats à temps partiel pour celles-ci.

1. Voir *Statistica*.
2. D. Comin et B. Hobijn, « Comment l'adoption précoce des technologies a fait croître la richesse… jusqu'à présent », *Harvard Business Review* 43, p. 24-25, février-mars 2021.

Pendant la pandémie, et comme déjà évoqué, un quart des femmes envisageait soit de démissionner soit de réduire leurs ambitions professionnelles pour s'occuper de leurs enfants, des tâches domestiques ou plus simplement pour un meilleur équilibre vie privée/vie professionnelle. Si cette tendance devait s'affirmer, cela irait contrarier une autre tendance, celle de la mise sur le marché d'activités jusque-là non rémunérées pour la garde des enfants, de leur accompagnement scolaire et périscolaire et des tâches domestiques. Il y a là un gain potentiel de croissance d'activités et de richesse, tout en notant au passage que quand les femmes sortent des espaces domestiques et des contraintes de l'économie de subsistance avec les tâches non rémunérées pour entrer dans l'économie du PIB, d'un coup, ce qui était invisible aux indices économiques entre sur le marché.

Mais revenons une fois de plus sur cette question des tâches domestiques et des femmes, ce qui s'étend aussi à toutes les formes de familles ou de couples. Si les femmes renoncent à pousser leur formation, leur carrière et leur participation aux secteurs les plus dynamiques de nos économies, celles-ci deviendront moins à même d'innover et de produire de nouvelles richesses dans les années à venir[1]. J'ai rappelé combien, rien que pour la France et l'Europe, l'augmentation des forces actives repose sur la participation des femmes aux forces de travail (hors du domicile). Toutes les études des instituts de recherche et d'analyse (déjà citées), qu'ils soient privés, institutionnels ou internationaux, convergent vers cette réalité : le travail des femmes

1. MGI, *op. cit.*

comme celui des personnes issues des diversités s'impose, plus que les transformations numériques ou l'automation, comme le facteur le plus déterminant du dynamisme et de la nécessaire transformation de nos économies. Jack Ma, le fondateur d'Alibaba, parlait de *She culture*[1]. Cependant, le modèle archaïque quasi universel qui associe les hommes aux activités techniques et scientifiques, les femmes et les personnes issues des minorités ou immigrantes aux métiers de proximité, est devenu un problème économique majeur, sinon de civilisation. Ne se focaliser que sur le travail à distance ou à domicile occulte des problématiques plus complexes que les seules approches solutionnistes mises en œuvre pendant les premiers confinements.

Donc, si le télétravail consiste, comme on l'a vu au cours des premiers confinements, à voir les femmes obligées de se retrouver accablées de doubles journées tandis que les hommes retournent à leur travail, c'est tout simplement une régression, pour les femmes et pour ceux renouant avec ces entraves, mais aussi pour les entreprises et, finalement, pour nos sociétés. Le travail qui entre à la maison exige une organisation des vies privées plus égalitaire, éthique et respectueuse de la réalisation professionnelle de tous[2].

Évidemment, il ne s'agit pas là d'activités ni de tâches à distance pour les personnes les effectuant, plus impliquées dans la *gig economy* et ses difficultés, et qui mériteraient

---

1. L. Shen, *Misoginy at Alibaba and Baïdu : the struggle of China's female tech execs*, Protocol-China, 27 janvier 2021.

2. J. Petriglieri, « Comment fonctionnent les couples qui mènent leur carrière tambour battant ? », *Harvard Business Review* 41, 90-98 ; octobre-novembre 2020 ; « Femmes : une révolution française. Conversation avec Elisabeth Badinter », *Zadig n° 9*, printemps 2021.

d'être valorisées. L'enjeu n'est pas mince, loin de là. Comment les femmes et les hommes en télétravail à domicile vont organiser leurs vies privées et professionnelles, assurer ou pas plus d'activités domestiques et éducatives ? Comment va évoluer et s'adapter le marché des emplois à domicile ? On en arrive aux questions de qualité de vie, d'équilibre entre vie privée et vie professionnelle. La crise de la Covid-19, les confinements et autres restrictions soulignent l'ampleur de ces disparités entre sociétés et au sein de chaque société, les femmes, les minorités et les métiers de la *gig economy* ayant été fortement impactés, montrant à la fois leur très grande utilité sociale tout en aggravant leurs conditions.

Allons-nous vers une société de l'empathie et de la solidarité ou vers une société de plus en plus bipolarisée, à l'instar de ce que promettent les délires des transhumanistes libertariens[1] ? Les singes capucins et les chimpanzés l'ont compris. Certes, on admet que les femmes et les hommes puissent bénéficier des avantages de leur créativité et de leur esprit d'entreprise. Si une société ne reconnaît pas leurs talents et leurs mérites, elle s'écroule. Cependant, aucune société ne peut perdurer avec une bipolarisation de plus en plus inégalitaire. En fait, comme le montrent les travaux de Richard Wilkinson et Kate Pickett[2], les sociétés les plus équitables connaissent moins de stress et jouissent d'un plus grand bien-être généralisé.

---

1. P. Picq, *Le nouvel âge de l'humanité. Les défis du transhumanisme expliqués à une lycéenne*, Allary Éditions, 2017.
2. « The Inner Level : How More Equal Societies Reduce Stress, Restore Sanity and Improve Everyone's Well-being », 2018.

Des indices et de la qualité de la vie

La pandémie amène les personnes à repenser leur mode de vie avec une forte tendance sociétale à l'orienter vers plus de qualité. On sait que l'indice de la richesse des nations tel que décrit par le PIB s'avère loin d'être suffisant. La question se pose depuis plusieurs décennies. Elle revient plus que jamais avec le travail à distance, le télétravail à domicile et dans le contexte général de l'affirmation des problématiques de responsabilités sociale et environnementale des administrations et des entreprises.

Plusieurs indices de qualité de vie existent, comme celui du développement humain de l'ONU (IDH), celui du mieux vivre de l'OCDE, du bonheur et de la satisfaction dans la vie, celui du progrès social[1]… En France, on a eu la commission Stilgitz notamment. À cela s'ajoutent les évaluations du genre *Great Place to Work* sans oublier Vineet Nayar et son bestseller *Employees first, Costumer second* – les employés en premier, les clients en second –, un slogan managérial auquel le dirigeant emblématique de Virgin, Charles Bronson, ajoute les actionnaires en troisième. Ces problématiques de la qualité de vie au travail dans les entreprises s'étendent à la vie privée avec le télétravail. On sait combien elles se corrèlent avec les capacités d'adaptation et d'innovation des entreprises, toutes ces entreprises dites responsables, libérées, apprenantes… ce qui vaut, évidemment, avec de bonnes conditions de vie privée. Les managers

1. C. I. Jones et P.J. Klenow, « Beyond GDP ? Welfare across Countries and Time », *American Economic Review*, 106 (9), p. 2426-2457 ; 2016 ; E. Brynjolfsson et A. Collis, « Comment mesurer l'économie numérique ? », *Harvard Business Review* 43, p. 64-73, février-mars 2021.

vont devoir prendre en compte les facteurs de vie tout en préservant la vie privée de leurs collaborateurs. Ces tendances s'inscrivent évidemment dans celles, plus générales, de politiques de responsabilités sociale et environnementale.

Ce que les Anglo-Saxons appellent le « *welfare* » ou bien-être devient un facteur déterminant de la robustesse des économies et de leurs aptitudes à s'adapter et à changer le monde qui vient. D'une manière assez simplifiée, on passe d'une économie où la quantité de biens de services consommés devait apporter le bonheur à une société où la qualité de vie au travail et dans la vie privée s'impose comme le socle de la robustesse et des capacités d'innovations des économies et des nations[1]. C'est la conséquence du passage du premier âge des machines au second âge des machines ; d'une économie de production à une économie du savoir. La notion classique de « richesse des nations » évolue elle aussi.

On est loin du registre courant, hélas si dominant en France, de toutes ces logorrhées du genre *feel good,* prendre sur soi, positiver, de la quête d'optimisme… Autant de méthodes Coué pour supporter au lieu d'agir, de collaborer, de construire et surtout d'écouter et de faire participer les collaborateurs. Voilà qui en dit long, hélas, sur les capacités de s'adapter d'une partie de nos entreprises et de notre société. Cependant, et heureusement, notre pays ne manque pas de bons exemples[2].

1. J. Bughin et E. Hazan, « Can artificial intelligence help societies as much as it helps business ? », *McKinsey Quaterly*, 2020.
2. G. Hamel et M. Zanini, « Tirer profit du génie quotidien. Comment Michelin donne à ses équipes de première ligne la capacité de changer les choses », *op. cit.*

Travail, emploi, tâches et rémunérations

Notre modèle social, basé sur les lieux de travail, le temps de travail horaire, l'emploi et le salaire qui, globalement, représente un progrès social considérable, ne répond plus aux nouvelles conditions économiques ou, plus pertinemment, à l'émergence des nouvelles formes de travail. Il en va de même, plus largement, avec les notions de carrière ou de retraite. La trilogie jeunesse/formation – carrière – retraite bute sur d'autres réalités et, aussi, d'autres conceptions de la vie professionnelle et des rapports vie privée/vie professionnelle, notamment pour les jeunes générations. Mais tout le monde ne vit pas les mêmes expériences. D'un côté, ceux qui subissent la fragmentation des boulots – *gig economy* – et de l'autre, ceux engagés dans l'économie frontière et ses nouveaux métiers avec des organisations très différentiées, plus souvent choisies ou consenties qu'imposées.

Autre changement considérable : des politiques des ressources humaines non plus fondées sur les diplômes et l'expérience, mais sur les aptitudes à apprendre, à se former, à l'autonomie et à collaborer. La méritocratie des diplômes qui garantit une carrière tout au long de la vie devient un handicap pour l'adaptation des personnes et la transformation des entreprises. Ce problème avait été anticipé il y a déjà plus d'un demi-siècle[1] et finit par devenir une inertie pour les transformations des modes

1. Voir rubrique Bagehot à propos du livre de Michael Young, *The Rise of Meritocraty – Meritocraty and its discontents*, dans *The Economist* 426 (9078), p. 29, 10-16 février 2018.

de travail[1]. Ce ne sont pas les diplômes en soit qui posent problème, mais leur usage obsolète et non adaptatif et, plus encore, le mépris envers les personnes moins ou non diplômées. Autrement dit, des élus, certes méritants, sur le tapis roulant ascendant de la carrière tandis que tous les autres ne peuvent plus reprendre pied sur ledit tapis, et pas déméritants pour autant comme on veut trop le leur faire croire. Ce qui se comprend et est encore utile aux grandes administrations et aux grandes entreprises ne s'applique pas au tissu de plus en plus dynamique et important des petites et moyennes entreprises pour l'emploi, l'activité et l'innovation. La durée de vie, en moyenne, de ces entreprises, a chuté de moitié en un demi-siècle, passant de plus de soixante ans à une trentaine d'années[2]. Par ailleurs, la formation tout au long de la vie devient un requis pour tous, diplômés ou non. La digitalisation, l'automation, les tâches hybrides humains/machines, le déploiement de nouvelles formes de travail et de collaboration, le travail à distance et le télétravail à domicile incitent à stimuler les compétences potentielles (paradoxe de Polanyi[3]). Le télétravail oblige les employés, les managers et les dirigeants à inventer de nouvelles pratiques, loin d'être toutes identifiées. La crise de la Covid-19 propose déjà une expérience riche d'enseignements, et ce n'est que le début. Tous les acteurs de l'entreprise, mais aussi leurs parties prenantes externes et leurs clients y contribueront selon un tissu d'initiatives,

1. M. J. Sanders, *La tyrannie du mérite*, Albin Michel, 2021.
2. Voir *Harvard Business Review*.
3. R. Straub et J. Kirby, « Croissance. Tirer le meilleur parti du potentiel humain », *Harvard Business Review* 16, octobre-novembre 2017.

d'expériences, d'essais et d'erreurs dans un objectif partagé pour de meilleures conditions de travail, une meilleure productivité et l'obtention d'un meilleur équilibre vie privée/vie professionnelle[1]. Ce qui nous amène au concept de responsabilité sociale technologique.

RST : vers une responsabilité sociale technologique

Les entreprises déjà engagées dans une transformation culturelle basée sur la numérisation, l'automation et des modes de management plus adaptatifs et innovants s'adaptent mieux à la crise. Elles tirent des leçons d'une expérience, certes brutale, mais pleine d'enseignements et seront celles qui, plus que s'adapter, façonneront la société de demain[2]. Les entreprises ont transformé les sociétés, ce qu'avaient compris les fondateurs de la révolution industrielle, les membres de la Société lunaire, inspirés par la philosophie des Lumières. Mais cet esprit s'est dilué pendant deux siècles avant de retrouver ses impératifs, sociétaux, environnementaux et technologiques. Aux problématiques de la RSE s'ajoutent celles de la RST : la responsabilité sociale technologique. L'adoption de nouvelles technologies transforme les entreprises, le travail

1. M. G. Jacobides et M. Reeves, « Adapter votre business aux nouvelles réalités », *Harvard Business Review* 42, p. 36-43, décembre 2020-janvier 2021 ; B. Z. Larson, S. R. Vroman et E. E. Makarius, « Manager vos (nouveaux) télétravailleurs », *Harvard Business Review* 39, p. 70-75, juin-juillet 2021 ; P. Coudbury, « Notre avenir décentralisé », *Harvard Business Review* 43, p. 86-96, février-mars 2021 ; P. Leonardi et N. Contracteor, « Mieux analyser ses données RH », *Harvard Business Review* 40, p. 62-73, août-septembre 2020.

2. F. Walter, « Survivre est une nécessité… prospérer ensuite », *Harvard Business Review* 39, p. 42-49, juin-juillet 2020.

et la société, ce qui implique, bien sûr, les États et leurs gouvernements[1]. On parle aussi d'*innovation inclusive*.

Si, jusqu'à présent, les nouvelles technologies ont toujours produit plus de travail et de richesse, leur adoption ne se fait pas sans heurts. Du mouvement des luddistes en Angleterre ou des canuts à Lyon avec l'introduction des machines à tisser au début du XIXe siècle à aujourd'hui, il y a toujours de fortes inquiétudes, surtout pour celles et ceux directement menacés dans leurs activités et leurs revenus. Le terme « luddisme » réapparaît dans les médias et les commentaires depuis quelques années avec l'essor de l'automation, dont la robotique, la cobotique et l'intelligence artificielle. De telles périodes génèrent de l'angoisse, de l'incertitude et de réelles inquiétudes pour la sécurité de l'emploi, l'augmentation des inégalités et la crainte du déclassement social.

La responsabilité sociale technologique implique donc plus d'inclusion, ce qui va de soi au sein des entreprises, mais aussi sur les lieux de travail à distance, dont les domiciles. Les obligations sur les moyens et les conditions de travail accompagnent les tâches à distance. Un problème plus général se greffe sur les mauvaises habitudes comme les sollicitations qui arrivent par les appareils connectés, à la fois pour nos vies privées comme nos vies professionnelles, ce qui sera pire pour les deux sur les mêmes lieux comme à domicile. Dans le cadre de ce qu'on appelle

1. J. Bughin et E. Hazan, *op. cit.* ; « Bouncing back. A safety net for the post-covid world », *The Economist* 438 (9235), 6-12 mars 2021 ; I. Getz et L. Marbacher, « Les "entreprises altruistes" sont les plus à même d'affronter l'avenir », *Harvard Business Review* 40, p. 20-21, août-septembre 2020.

l'économie de l'attention, le temps des personnes est devenu un enjeu commercial d'une ampleur inouïe[1]. La maîtrise des temps de travail à distance, et par-delà les compétences, s'impose comme un défi considérable à la rencontre du management et des neurosciences. Il y avait déjà trop d'effets parasitaires sur les lieux de travail et au cours des réunions, cela risque de devenir encore plus difficile avec le télétravail. Comment gérer l'attention dans une économie de l'attention ?

Du côté des entreprises, l'automation, la numérisation et le déploiement du travail à distance ne doivent pas être motivés par des causes secondes ou immédiates : réduire le nombre d'emplois, les charges salariales et sociales, les surfaces de bureau et autres avantages à la marge ; sauf si intégrées dans une vraie problématique RSE. C'est, au contraire, l'opportunité de se lancer dans un projet orienté vers de nouveaux produits et de nouveaux marchés : définir les nouveaux objectifs, impliquer les parties prenantes internes, dont les partenaires sociaux, et favoriser le capital humain. Une fois de plus, les entreprises engagées dans cette voix stimulent la formation interne et les nouvelles formes de collaboration et de travail et n'hésitent pas à augmenter les salaires ou les autres formes de rémunération et de reconnaissance. Les initiatives, les

1. B. Patino, *La civilisation du poisson rouge*, *op. cit.* ; Dossier « Devenez un leader attentif », *Harvard Business Review* 29, octobre-novembre 2018 ; C. Reid et L. Ramarajan, « Gérer la pression au bureau », *Harvard Business Review* 23, p. 100-107, octobre-novembre 2017 ; C. Dejoux et E. Léon, *Métamorphose des managers à l'ère du numérique et de l'intelligence artificielle*, Pearson, 2018 ; A. Waytz et M. Mason, « Le cerveau au travail », *Harvard Business Review* 28, p. 102-111, août-septembre 2018.

participations et les innovations portées par les collaborateurs sont reconnues et favorisées quel que soient leur position dans la structure et l'organisation de l'entreprise. Cela exige des modes d'évaluation transparents à la fois de la part des managers mais aussi des collègues[1].

L'engagement des entreprises entre leurs transformations à court et moyen termes et les enjeux de société s'intriquent de plus en plus, impliquant leur image sociétale et environnementale mais aussi de la part de leurs clients et de leurs parties prenantes externes. Ces transformations se situent dans une tension entre, d'un côté, la crainte de perte d'emploi avec toutes les conséquences en termes de bien-être, de santé et de revenus qui, finalement, grèveront l'économie des sociétés et des entreprises et, de l'autre, la possibilité d'augmenter le bien-être de la force de travail avec ses aspects positifs pour les personnes et les sociétés.

Les États et les secteurs publics doivent inciter à ces transformations et les accompagner. Les législations et les réglementations autour du travail doivent favoriser des pratiques à la fois plus fluides et protectrices ; étendre, comme au Danemark ou ailleurs, les moyens en termes de formation et de soutien financier des parcours de vie de plus en plus individualisés et diversifiés. Si ces transformations agréent les personnes les plus diplômées dans les métiers scientifiques, techniques et de la donnée, déjà rompues aux nouveaux modes de travail et de collaboration, notamment à distance, il en va autrement pour

---

1. A. J. Mayo, J. D. Margolis et A. Gallo, « Donner à votre collègue la note qu'il mérite – ou celle qu'il veut ? », *Harvard Business Review* 43, p. 116-121, février-mars 2021.

ce qui restera la majorité des emplois et des activités de proximité, que ce soit entre collègues, avec les clients ou les patients. La *gig economy* accentue la bipolarisation de la société entre ceux qui ont fait des études, disposent des aptitudes et des moyens de choisir leurs activités et leurs modes de travail, et ceux qui ont des emplois le plus souvent subis, mal rémunérés, qui sont logés loin de leur lieu de travail, minés par les temps de transport… Le constat est fait depuis plus de dix ans[1]. Il faut attendre la pandémie pour réaliser l'importance sociale et anthropologique de ces métiers dits de premier et de deuxième rangs. Notre cerveau social a besoin d'épouillages.

La ville, les espaces urbains et leurs usages vont changer, à commencer par les réseaux de transport[2]. Le désintérêt pour les très grandes métropoles et la recherche de lieu de résidence près des villes de taille moyenne se prononcent. Reste à savoir si cela restera de l'ordre des réactions immédiates ou si cela entraînera une reconfiguration des espaces urbains et de leurs usages. Si des métropoles perdent des habitants, notamment parmi les classes CSP+ plus engagées dans les formes de travail à distance, d'autres continuent d'attirer des talents car, depuis plus de 10 000 ans, c'est dans les villes que se fait l'histoire par la concentration et la rencontre des savoirs et des compétences. L'attractivité des villes, notamment leur image et leur offre culturelle, devient un atout considérable, sachant que ces attractivités ne s'affichent pas de la même façon pour les jeunes, les

---

1. *Qui va prendre le pouvoir* et *Une époque formidable*, *op. cit.*
2. « Covid-19 and the end of commuterland », *The Economist,* 10 septembre 2020.

familles avec des enfants, les séniors, les formes dominantes d'activités économiques… Si les personnes jouissant des plus hauts revenus, de plus de flexibilité et de moyens de travailler à distance fréquentent moins les centres-villes, les commerces – restauration, bars, habillement, coiffure, commerces de détails… – seront affectés. Ce sera aussi le cas dans les périphéries. Les commerces s'adapteront rapidement, là aussi en s'appuyant sur les expériences acquises pendant la pandémie, développant de nouvelles relations clients et adoptant des formes hybrides entre proximité et réseaux, phygital, clique et collecte et autres… Formidable, mais il reste à se préoccuper de la *gig economy*. Ce sont ces personnes qui créent l'ambiance et la cohésion des villes, ce qui exigera de vraies politiques de mixité sociale et du logement. Mettre un terme à la folie des prix de l'immobilier en centre-ville, alors même que les surfaces de bureaux inoccupés augmentent. Beaucoup d'opportunités pour les édiles qui devront inventer des politiques à la fois pour les personnes plus mobiles et plus dans les activités à distance – notamment en faisant en sorte qu'elles disposent aussi de lieux de travail et de réunion, de collaborations flexibles, de sécurité à la fois sur le plan sanitaire et informatique et de réseaux numériques très performants – et aussi pour la majorité des personnes de la *gig economy* garantes de la cohésion sociale et de la qualité de vie de la cité[1].

La crise, une fois de plus, a mis en exergue ces émergences. Comme déjà évoqué, les gouvernements et les États ont à la fois soutenu le système existant, comme avec le chômage partiel, et ont surtout favorisé les entre-

1. *S'adapter ou périr*, *op. cit.*

prises et les activités. Cela augure, comme après chaque grande crise des temps modernes, de nouvelles formes de politique et d'intervention des États.

Les études récentes du World Economical Forum (WEF), du Bureau international du travail (ILO), du McKinsey Global Institute (MGI) ou encore d'Eurofond convergent vers ce constat : les entreprises comme les États doivent s'engager rapidement sur l'amélioration des conditions de travail et de vie des centaines de millions de personnes coincées dans la *gig economy*. Cela exige une politique de formation ambitieuse tout au long de la vie, notant au passage qu'il est tout de même paradoxal que les personnes les plus diplômées ne cessent de continuer à se former alors que les autres ont le sentiment délétère que ce n'est pas pour elles ; une conséquence des dérives de la méritocratie. La notion fondamentale de capital humain s'impose comme jamais. Les études citées estiment, rien que dans les pays de l'OCDE, entre 100 et 300 millions les personnes qui devront s'engager dans des formations plus techniques, dans tous les métiers, notamment en relation et en collaboration avec des machines de plus en plus apprenantes et collaboratives. Quelles que soient les tâches, elles monteront en compétences. Cette fois, nos sociétés et nos politiques n'échapperont pas à la question du *revenu universel de base*[1].

Cette problématique du revenu universel de base revient tel un serpent de mer à chaque fois que les sociétés humaines – au moins depuis l'utopie de Thomas Moore – et l'humanisme se donnent pour ambition d'améliorer la

1. « Revenu universel, c'est maintenant », *Courrier International* 1588, 8-14 avril 2021.

condition humaine. Ce n'est un concept ni de gauche ni de droite, mais universel, avec des mécanismes, des réponses et des objectifs très différents entre, du côté de la gauche, un enjeu d'égalité au moyen de la redistribution et, du côté de la droite d'inspiration libérale – mais pas néolibérale –, de la possibilité pour chacune et chacun de développer un projet de vie et contribuer à la richesse de la société. (Gare cependant aux simplifications puisqu'à l'origine, notamment avec la Société lunaire de Birmingham à la fin du XVIIIe siècle, le creuset originel du libéralisme se situe plutôt à gauche dans le cadre de l'émergence de la révolution industrielle et de l'esprit des Lumières.) Si cette idée de progrès social a été portée par le candidat Benoît Hamon pendant les dernières élections présidentielles en France, on sait moins qu'elle faisait l'objet de très nombreux débats dans tous les pays de l'OCDE, y compris en Amérique du Nord. Beaucoup d'expériences se développent à tous les niveaux : villes, collectivités locales, régions, pas encore les États mais, qui sait, un jour peut-être au niveau de l'Europe. Pourquoi évoquer ce sujet ? Parce que, et ce n'est pas un hasard, c'est dans ces pays que les États et les gouvernements ont mis en place des systèmes d'aides individualisées pour tous les secteurs économiques, les entreprises et pour les personnes. La numérisation de nos sociétés comme des administrations a permis à l'administration Trump, puis Biden, de verser des aides directement aux personnes éligibles. C'est aussi le cas en France et dans tous les pays d'Europe. Les TIC et l'IA changent nos sociétés mais elles proposent aussi des solutions techniques, à condition qu'elles s'inscrivent dans un projet de société.

Comme déjà évoqué, en chaque circonstance dramatique causant de profonds traumatismes à nos sociétés, les États ont mis en place de nouvelles formes d'assistances et de solidarités. Nous y sommes. Les aides octroyées ne sont pas que des compensations ; elles sont les germes de nouvelles régulations économiques et sociales. Celles et ceux qui doutaient de l'importance de l'État et du politique vont devoir reconsidérer leurs opinions, à condition que les États et les gouvernements réussissent la sortie de la crise avec un projet de société riche de promesses d'un avenir meilleur et, surtout, moins d'inégalités structurelles comme entre les différents types de métiers évoqués.

Le télétravail entraîne forcément une individualisation des parcours de vie, personnels et professionnels. Cette tendance s'inscrit dans une évolution plus générale de nos sociétés vers une individualisation généralisée. Nous sommes tous uniques, ce qui n'est pas qu'une banalité. Nous le sommes en tant qu'humains et citoyens, mais aussi par nos profils numériques. Nos usages des appareils numériques et des réseaux laissent des milliers de données qui, comme on le sait, deviennent des cibles commerciales. C'est aussi un enjeu de liberté et de démocratie, tant il est devenu aisé de nous tracer, comme en Chine avec le « réseau céleste ». Si les pays asiatiques ont mieux géré la pandémie, c'est à la fois grâce à leur culture, à l'acceptabilité de contraintes collectives et au contrôle par les réseaux numériques. Les démocraties occidentales se montrent moins conciliantes en raison du respect des droits des individus ; plus de liberté, mais plus de cas Covid-19. Ce qui vaut pour nos profils numériques de citoyens et de consommateurs vaudra aussi pour ce qu'on appelle la médecine personnalisée. Il en ira certainement de même pour l'éducation dans les systèmes scolaires. Il ne manquait plus que le travail ; nous y sommes.

Sur ces évolutions, l'Europe – malgré ses retards non encore dramatiques sur la transformation numérique, et ses lourdeurs administratives comme on l'a vu pour les vaccins –, bénéficie de réels atouts. C'est le continent où on vit le mieux ; où existe le meilleur équilibre vie priée/vie professionnelle ; le plus haut niveau de vie, d'instruction et de culture mais aussi de protection sociale et des régimes démocratiques solides. Beaucoup d'acquis mais aussi des incitations à ne pas changer. Seulement, les augmentations effarantes de toutes les inégalités dans le monde, entre régions, entre pays et au sein de tous les pays, menacent notre avenir immédiat[1] et le concept de lutte des classes prend une tout autre tournure avec la bipolarisation du monde socio-économique[2]. Une formidable évolution depuis un demi-siècle, mais qui doit s'engager dans le monde qui vient et en devenir un modèle.

D'un point de vue anthropologique, nous appartenons à des espèces sociales capables d'apprendre toute leur vie. Plus encore, et comme l'a durement rappelé la pandémie, les contacts sociaux sont au cœur de notre bien-être – ce qui vaut au passage pour les personnes travaillant à distance et qui finissent déprimées, ou dans le pire des cas par se suicider par manque de relations sociales, ceux qu'on appelle les *geeks*. Plus encore, continuer à apprendre et à se former préserve et développe les capacités cognitives,

---

1. T. Piketti, *Le capitalisme au XXI*^e *siècle*, Seuil, 2013.
2. E. Todd, *La lutte des classes en France au XXI*^e *siècle*, Seuil, 2020.

retarde les dégénérescences cérébrales, favorise l'adaptabilité et l'employabilité, élargit les relations sociales et, *in fine*, conduit à une vie plus longue et en bonne santé. Une question d'évolution vers un nouvel ordre de l'humanité, bousculé par les technologies du numérique, mais dont la construction ne peut reposer que sur les technologies[1].

Résumé du chapitre

La séparation instaurée au cours du siècle dernier entre lieux de vies privée et professionnelle, entre les activités des entreprises et des administrations tandis que les sociétés géraient les questions sociales et environnementales ne tient plus. Toutes ces problématiques impliquent les personnes, les entreprises et les États. Nos sociétés deviennent de plus en plus inclusives à tous les niveaux et pour tous ses acteurs. Quelles seront leurs évolutions ? Les différentes régions du monde ont abordé la pandémie de différentes façons et en sortent en ordre dispersé. On ne peut pas dire qu'un modèle devrait s'imposer aux autres. L'évolution continue de Francis Fukuyama et, plus généralement d'un point de vue évolutionniste, rien de plus dangereux que de croire qu'on est arrivé à un stade final ou d'équilibre, comme le mythe de Sisyphe de l'équilibre des marchés. Il serait grand temps, un siècle après Schumpeter, que la politique s'inspire de l'économie évolutionniste.

1. *Le nouvel âge de l'humanité. Les défis du transhumanisme expliqués à une lycéenne*, *op. cit.*

La crise souligne l'importance des États et de leurs politiques pour atténuer les effets sanitaires et sociétaux. Les questions d'empathie, de bien-être et de solidarité occupent nos sociétés de façon toujours plus prégnante depuis deux décennies. Là encore, rien de nouveau quant à ces sujets, sauf qu'ils se trouvent renforcés par la révolution numérique et l'intervention d'un coronavirus. À la responsabilité sociale et environnementale devenu un enjeu de civilisation s'ajoute celle de la responsabilité technologique sociétale. Le télétravail et les technologies ne sont pas des solutions pour palier des problèmes latents depuis trop longtemps, mais des moyens d'inventer une société plus harmonieuse d'autant, comme on le sait maintenant, qu'une société plus équitable repose sur des entreprises et des économies plus innovantes et ouvertes au monde.

Conclusion

La possibilité d'une révolution anthropologique

L'adaptation, ce n'est pas faire fi du passé et encore moins de nos origines communes avec les singes et les grands singes. On sait combien tous les projets de façonner « l'homme nouveau » ont nourri, dans leurs délires dystopiques, les pires drames de l'histoire humaine, surtout au cours de notre modernité et depuis la révolution industrielle. Cette évolution fulgurante en à peine plus de deux siècles nous a fait oublier nos profondes racines naturelles. Si on s'amuse à regarder les enquêtes d'opinion sur les principales menaces qui guettent l'humanité au cours de la dernière décennie, on y mentionne le climat, un bug informatique mondial, les fascismes, les risques nucléaires… mais rarement – si ce n'est en bout de liste – une pandémie. En fait, les dangers ressentis provenaient des activités humaines ; autrement dit, de facteurs endogènes. Ce qui est très pertinent, mais on avait oublié notre évolution et la nature.

Dans cette conclusion, pas de préambule anthropologique mais un rappel de ce qui fait notre évolution avec les singes et les grands singes, toujours aussi important pour nous adapter aux défis de la révolution numérique et de la pandémie.

Ce que nous disent l'évolution, l'anthropologie et l'éthologie sur l'adaptation

L'évolution

- On vit sur les adaptations du passé.
- Quand les populations passent d'une distribution moyenne à une distribution bipolarisée, c'est qu'elles ne sont plus adaptées à leur environnement, que ce dernier

a été affecté par ces populations (facteurs endogènes) ou par l'intervention d'un facteur exogène.

- Toute adaptation est un nouveau compromis.
- L'adaptation repose sur une sélection qui favorise, réduit ou élimine les variations ou expériences existantes. À cela s'ajoutent de nouvelles variations par mutations et recombinaisons (innovation darwinienne).
- L'adaptation des sociétés humaines implique aussi des innovations reposant sur le solutionnisme ou la créativité en réponse à des contraintes identifiées – innovation lamarkienne – ou répondant à des buts.
- L'adaptation repose sur une nouvelle synthèse de ces variations comme décrit par Charles Darwin, appelée « synthèse créatrice » pour les sociétés humaines chez Joseph Schumpeter (s'inspirant du précédent).
- Un écosystème implique de s'intéresser à la diversité des interactions entre les espèces (biocénose) et aussi à ses paramètres physiques (biotope). Il en est devenu de même entre les entreprises, la société et l'environnement.
- Dans un écosystème, plus il y a d'acteurs et plus ces acteurs multiplient les échanges et les interactions, notamment en se rendant des services gratuits, plus l'écosystème enrichit sa biodiversité, plus il est résilient, plus il est innovant et plus il intensifie ses flux d'informations.

L'anthropologie

- Les personnes abordent les périodes de changement en s'appuyant sur leurs fondements culturels : croyances, idéologies, représentations du monde…

- Les opinions du genre « c'était mieux avant » fleurissent, oubliant d'un coup tout regard critique sur ce qui n'allait pas (et parfois chez les mêmes experts).
- Constat et conséquence, depuis des milliers d'années, les changements ne favorisent ni les femmes ni les minorités.
- Les hommes – les mâles – tendent à plus investir, contrôler voire monopoliser les nouveaux moyens techniques de production. Hier les machines, aujourd'hui le numérique. De même pour les activités centrifuges ou à distance.

L'éthologie

- Les comportements du groupe tendent à évoluer vers ceux des individus qui apparaissent les plus avantagés pour de multiples raisons. Cela s'appelle l'effet Baldwin.
- Les travaux en psychologie comportementale comme ceux de Daniel Kahneman et en éthologie comparée montrent que les individus choisissent d'assurer les gains alors qu'ils montrent une aversion pour les pertes.
- L'éthologie comparée des sociétés de singes, de grandes singes et d'humains dégage deux grandes typologies universelles : le type macaque hiérarchique, descendant et coercitif ; le type chimpanzé avec des évolutions de gouvernance, de culture d'essais-erreurs, de reconnaissance des compétences des autres, de flexibilité sociale de type fusion/fission et de cohésion de groupe.
- L'empathie et l'entraide comptent parmi les facteurs fondamentaux de l'adaptation des sociétés.

Passons de l'évolution à l'histoire. Depuis la fin de l'Ancien Régime, les changements de siècles suivent les mêmes évolutions : une saturation des acquis des décennies précédentes, la prise de conscience de la fin d'un modèle marqué symboliquement par le calendrier, puis un peu plus d'une décennie d'incertitudes entre l'inertie des acquis de plus en plus sclérosés à côté de l'émergence de nouvelles tendances. La bascule, le vrai nouveau siècle se concrétise à la suite d'une crise d'ampleur mondiale. Jusqu'il y a peu encore, les livres d'histoire pointaient de grands conflits comme les guerres napoléoniennes en Europe, la Première Guerre mondiale et, de nos jours, la guerre économique entre les États-Unis et la Chine. Cependant, deux autres types de facteurs certainement plus importants concernent, pour les uns, l'émergence de nouveaux moyens de production avec de nouvelles formes de travail et, pour les autres, l'intervention d'un événement brutal d'ordre naturel ou sanitaire. Si on ne regarde ces changements que du point de vue des affaires humaines, c'est une disruption ; si on se place d'un point de vue évolutionniste, c'est une ponctuation. Le terme « disruption » se pare d'une acception qui évoque une révolution qui marquerait une coupure nette avec une situation antérieure. Rien de plus faux. Les « ruptures » s'articulent entre le développement de facteurs endogènes devenant de plus en plus significatifs et l'intervention soudaine d'un facteur exogène. Les facteurs endogènes passent de signaux faibles à signaux forts. Brusquement sélectionnés, ils forment une nouvelle synthèse. En physique, on parle de cristallisation : un système arrive à un état métastable puis change d'un coup en réponse à un stimulus extérieur.

La fin du XVIIIe siècle est marquée par la crise montante de l'Ancien Régime et les doléances du Tiers États, bousculée par des éruptions de volcans islandais qui se mêlent à la partie en provoquant une crise de la production agricole, les « volcans de la Révolution ». Changement de régimes politiques, naissance de la pensée économique et premiers foyers de la révolution industrielle en Angleterre.

Au début du XIXe siècle, c'est le développement du premier âge des machines et la crise sociale, économique et sanitaire provoquée par l'éruption du volcan Tambora en 1815. L'année suivante, 1816, est connue sous le nom d'« année sans été » ou encore « année des mendiants[1] ». Les États s'engagent dans la prise en charge des traumatismes et des misères sociales jusque-là assurées par les congrégations religieuses.

Le début du XXe siècle marque le développement des grandes usines et des exploitations minières dans le cadre de la deuxième révolution industrielle. La République et la démocratie finissent par s'imposer, difficilement, ainsi que les lois et les réglementations sur le travail et pour la protection sociale. Les tensions précipitent l'Europe dans la Première Guerre mondiale, suivie de la pandémie de la grippe espagnole. S'ensuivent les Années folles avec les avancées sociales, la libération des mœurs et la montée en puissance des droits civils et civiques pour les femmes. La crise de 1929 et la Seconde Guerre mondiale enrayent ces processus historiques qui, finalement, se déploient avec un dynamisme comme jamais vu dans la deuxième moitié du XXe siècle.

En sera-t-il de même en ce début de XXIe siècle, le deuxième âge des machines et la pandémie de la

1. G. D'Arcy Wood, *L'année sans été*, La Découverte, 2016.

Covid-19 ? Sans surprise, alors que se profile la fin de la pandémie grâce aux vaccinations, on reparle des Années folles[1]. Évolution des modes de gouvernances[2] ; changements socio-économiques ; nouvelles réglementations sur le travail et engagements des entreprises, des collectivités locales et des États ; affirmation des droits des femmes pour l'équité et l'égalité ; relations intergénérationnelles ; épanouissement des mixités ethniques et culturelles… Un autre projet de civilisation à l'échelle mondiale peut-être aussi utopique que cela[3].

Mais attention à la surchauffe comme à la fin des années 1920. Un siècle plus tard, les ménages ont beaucoup épargné, notamment grâce aux soutiens et aux aides des États, ce qui vaut aussi pour la trésorerie d'une partie des entreprises. La consommation repartira très vite, comme déjà en Chine. Les indices de croissance envisagés par les prospectivistes flirtent avec des chiffres oubliés par les économies occidentales depuis le début du XXe siècle. Si l'histoire comme l'évolution ne « repassent pas les plats », elles reproduisent les mêmes algorithmes. La référence aux années 1920-1930 nous interpelle pour savoir si on entre dans une séquence Années folles des années 1920 suivie des années noires des années 1930[4] ou l'inverse, après le spectre des « démocratures » et de « l'illibéralisme » si menaçants avant la dernière élection présidentielle américaine.

1. « Demain les années folles », *Courrier International* 1584, 11-17 mars 2021.
2. *Qui va prendre le pouvoir ?*, *op. cit.*
3. *Sapiens face à Sapiens* et *Une époque formidable*, *op. cit.* ; Y. Harari, *Sapiens*, Albin Michel, 2016.
4. R. Dély *et al.*, *Les années 30 sont de retour*, Flammarion, 2014.

Inutile d'y voir ou d'y rechercher une sorte de loi de l'histoire ou de l'évolution. Ces schémas récurrents se retrouvent, par exemple, dans les cycles de Kondratieff/Schumpeter en économie depuis la première révolution industrielle, depuis que les sciences et les technologies dynamisent l'entrepreneuriat et changent les sociétés. (Les économies collectivistes et planifiées échouent même à assurer les besoins fondamentaux des peuples tout simplement par défaut d'esprit entrepreneurial et de responsabilités sociale et environnementale ; sur ces deux derniers points, les idéologies ultra libérales et libertariennes ne font pas mieux.) Il s'agit d'algorithmes propres à l'évolution des facteurs endogènes des espèces et des sociétés. On ne saurait imputer à une telle logique évolutionnaire le volcan de 1815, si ce n'est la défaite de Waterloo ; ni la grippe espagnole bien que les événements de la Première Guerre mondiale aient contribué à sa terrible diffusion avec le train et la marine à vapeur ; ni la pandémie de la Covid-19 avec un coronavirus soudain sorti de son contexte écologique par des activités humaines qui l'ont ensuite propulsé sur l'ensemble de la planète à la vitesse des avions à réaction des Sapiens.

Je ne doute pas un instant que des historiens et des économistes rejettent ce genre de récurrence évolutionnaire. Les controverses sur les mécanismes du changement des sociétés sont aussi anciennes que ces disciplines. En tant qu'anthropologue évolutionniste, je me contente d'apporter un autre éclairage à partir des théories de l'évolution, de l'anthropologie et de l'éthologie, des disciplines qui, comme en témoigne quelques prix Nobel d'économie récents, entrent dans le champ des études économiques.

Alors, la fin du travail ? Quelle absurdité ! Depuis trois décennies, et même si je ne désespère pas, je constate combien ce vieux réflexe cognitif de l'aversion des pertes, partagée avec les singes, amène trop de personnes à ne concevoir les changements qu'en termes de remplacements. Il n'y a pas encore si longtemps – et c'est revenu avec la pandémie – les femmes, les immigrants, comme toujours, et plus encore les machines devaient prendre les emplois des hommes. Rien de plus faux au regard de l'histoire et, plus encore, dans une logique écosystémique. Voilà un terme qui revient en force dans le cadre des transformations actuelles, tout en soulignant avec vigueur qu'on est passé de l'analogie descriptive à une logique fonctionnelle[1]. Quelle est cette logique ? Dans un écosystème, plus y a d'acteurs et plus ces acteurs interagissent, plus cet écosystème est résilient, innovant et contient un plus grand nombre d'acteurs et de diversités.

Au fait, où sont passés les chimpanzés ? Au milieu du XIXe siècle, alors que s'affirme la révolution industrielle avec des conditions de travail dantesques dans les usines et les mines, des intellectuels se posent la question des humains soumis au rythme inhumain des machines. Alors, pourquoi ne pas faire travailler les grands singes ? Après tout, ils sont intelligents et possèdent des mains. C'est l'utopie de Victor Meunier, scientifique, militant socialiste et grand vulgarisateur qui plaide pour l'instruction du peuple. C'est le sujet de son essai *Les singes domestiques* publié en 1886 avec cette citation en exergue : « Avec le chien nous avons conquis la nature, avec le

1. *Une époque formidable* et *S'adapter ou périr*, *op. cit.*

singe nous fonderons la société heureuse. » On attend toujours. Toujours cette vieille antienne depuis l'invention du travail et de trop de ses dérives oppressives et esclavagistes, ce que les philosophes nous rappellent en citant, de Platon à Hannah Arendt, la différence entre le labeur et l'œuvre ; ce que clame aussi sur leur registre de certitudes trop de consultants désirant vendre l'automation en affirmant péremptoirement que les machines vont nous libérer des tâches ennuyeuses, répétitives, épuisantes... Personne n'est dupe. Toute évolution, que ce soit entre les espèces ou avec les machines, est un compromis et il incombe d'en atténuer les contraintes.

Les chimpanzés vivent dans des sociétés de fusion/fission, maintiennent leur cohésion sociale et culturelle tout en se réunissant pour des besoins sociaux importants ou se scindant pour vaquer à des occupations plus prosaïques, utilisent des outils, se transmettent des savoir-faire acquis au fil des générations, disposent d'empathie et manifestent de la solidarité, notamment envers les blessés ou les handicapés, savent mener des actions complexes sous la direction de l'un des leurs reconnu pour ses compétences, acceptent qu'il en soit justement récompensé, partagent la nourriture, comme la viande, acquise par une action collective, respectent les femelles qui possèdent plus de compétences techniques pour l'utilisation des outils. Ce n'est évidemment pas un monde parfait – les mâles se coalisent notamment pour maintenir leur domination politique sur les femelles. Les bonobos, les chimpanzés graciles, sont moins industrieux mais égalitaires entre les sexes. Tous les groupes de chimpanzés présentent des caractéristiques sociales variant sur ces registres. Ceux qui manifestent le plus ces comportements s'adaptent mieux aux dégradations de leurs environnements dues aux activités humaines. Tout ça fait partie des bagages de notre évolution. Il reste cependant une dernière étape, celle de l'égalité des tâches et des statuts entre les femmes et les hommes de toutes les diversités, ce qui serait une grande révolution anthropologique. Une révolution même, pas moins ! Pourquoi ? Parce que depuis des dizaines de millénaires, les technologies, les moyens de production et le travail ont produit toujours plus d'inégalités entre les nations et au sein des nations. Un sacré projet de civilisation mondiale dans un monde connecté et où, pour la première fois, tous les humains peuvent avoir accès instantanément aux autres humains.

Car ce que nous disent les chimpanzés, c'est que depuis nos origines communes il y a sept millions d'années en Afrique, nous, les humains, n'avons pas cessé de migrer, d'innover et de travailler toujours plus. Ce faisant, les sociétés humaines ont produit des discriminations et ont trop souvent exploité leurs proches – les autres humains – et la nature. C'est toute l'ambiguïté du travail qui peut être soit oppresseur, soit libérateur ; labeur ou œuvre. Telle est la condition humaine, qu'on ne saurait imputer à la nature ou à une quelconque fatalité venant de nos origines ou d'on ne sait quelle logique de l'évolution ou de l'histoire. Nos ancêtres et nous sommes les artisans de cette évolution, aujourd'hui plus que jamais.

Dernière remarque à propos de l'approche évolutionniste guidant cet essai. Charles Darwin s'est trompé, ce qui devrait faire plaisir à la doxa anti-darwinienne de notre culture. La veille de la publication de *L'origine des espèces* en novembre 1859, son ami et farouche soutien Thomas Huxley lui dit : « Vous encombrez votre théorie d'un fardeau inutile. » Quel est ce fardeau ? Darwin, sensible à l'idée de progrès de son temps, affirme que la nature ne fait pas de saut. Un siècle plus tard, les évolutionnistes complètent l'édifice darwinien avec la théorie des équilibres ponctués. Et ce qui vaut pour les espèces vaut encore plus pour les sociétés humaines[1].

1. D. Quammen, *Le grand saut*, préface de P. Picq, Flammarion, 2020.

Bibliographie

« 10 startups using blockchain to answer key HR questions in 2020 », hetechnologist.com, 28 janvier 2020.

« 2013-2017, ENAR Shadow Report on racism and discrimination in employment in Europe », www.enar-eu.org, 2018.

« A brief history of the workhome », www.theworkhome.com/history-workhome

« A grim calculus. The stark choice between life, death and the economy », *The Economist* 435 (9188), 4-10 avril 2020.

« A World deprived of Touch », *The Economist* 438 (9233), p. 45-46, mars 2021.

« AI-spy the workplace of the future », *The Economist*, 28 mars 2018.

« Apprentissage mobile : 3 grandes tendances pour 2019 », Capterra, mars 2019.

« Better Business, better World », ONU-Business and sustainable Development Commission, janvier 2017.

« Bouncing back. A safety net for the post-covid world », *The Economist*, 438 (9235), 6-12 mars 2021.

« Closed », *The Economist* 434 (9186) , 21-27 mars 2020.

« Covid-19 and the end of commuterland », *The Economist,* 10 septembre 2020.

« Demain les années folles », *Courrier International* 1584, 11-17 mars 2021.

« Devenez un leader attentif », *Harvard Business Review* 29, octobre-novembre 2018.

« Digital sucess requires a digital culture », McKinsey & Company, 3 mai 2017.

« Diversité et myopie », *Harvard Business Review* 25, p.12, février-mars 2018.

« Diversity wins: how inclusion matters », McKinsey, 19 mai 2020.

« Employer des travailleurs handicapés : des bénéfices pour l'entreprise et ses employés », Malakoff Humanis, 10 octobre 2019.

« Enquête sur la fusion du travail et de la vie », *Philosophie magazine,* n° 144, novembre 2020.

« Factories and Families », *The Economist* 237 (9225), décembre 2020.

« Femmes : une revolution française. Conversation avec Elisabeth Badinter », *Zadig n° 9*, printemps 2021.

« Femmes : une Révolution française », *Zadig n° 9*, printemps 2021.

« Femmes. Sortir de la crise », *Courrier International* 1586, 25-31 mars 2021.

« Fixing wellfare », « The future of wellfare State », « Universal basic income », *The Economist* 438 (9235) p. 9, 16, 66, 6-12 mars 2021.

« Goodbye globalisation », *The Economist,* mai 2020.

« Guide de la culture d'entreprise », *Harvard Business Review*, juin-juillet 2018.

« Happiness and work: an interview with Lord Richard Layard », McKinsey & Company, 1er juillet 2019.

« How to Drive a Digital Transformation: Culture is Key », Boston Consulting Group, www.bcg.com

« Is China winning? », *The Economist* 435 (9190), 18-24 avril 2020.

« Le coup d'état numérique », *Courrier International* hors-série n° 82, 24 mars 2021.

« Le télétravail post-Covid vu par les DRH », ANDRH, 19 juin 2020.

« Le travail à domicile. De l'invisibilité au travail décent », Organisation internationale du travail, janvier 2021.

« LGBTQ+ voices learning from lived experiences », *McKinsey Quaterly*, juin 2020.

« Lutter contre la solitude dans un monde hyperconnecté », *Harvard Business Review* 30, p. 52-70, décembre 2018-janvier 2019.

« New rules in California could reshape the gig economy », *The Economist*, 12 septembre 2019.

« Prospérer dans un monde qui se réchauffe », *Harvard Business Review* 49, p. 11-123, octobre-novembre 2018.

« Qui écoute encore l'Europe ? », *Courrier International* 1582, 25 février-3 mars 2021.

« Reimaging the postpandemic economic future », McKinsey & Company, 14 août 2020.

« Revenu universel, c'est maintenant », *Courrier International* 1588, 8-14 avril 2021.

« Riding high. A special report on the future of work », *The Economist* 438 (9239), 8-16 avril 2021.

« Still made in China. », *The Economist*, 10 septembre 2015.

« Teleworking during the Covid-19 pandemic and beyond », ILO, juillet 2020.

« The aliens among us. How viruses shape the world », *The Economist* 436 (9208), 22-28 août 2020.

« The business of survival – how covid-19 will reshape the global commerce », *The Economist* 435 (9189), 11-17 avril 2020.

« The Future of Nature and Business », World Economical Forum Report II, 2020, janvier 2021.

« The Future of the Office », *The Economist* 436 (9211), 12-18 septembre 2020.

« The Future of Women at Work », McKinsey Global Institute, 4 juin 2019.

« The global AI race and its consequences », *The Innovator* (*Les Échos*), septembre 2018.

« The impact of artificial intelligence on human resources department », Tech Cults, 2 juillet 2020.

« The Inner Level: How More Equal Societies Reduce Stress, Restore Sanity and Improve Everyone's Well-being », 2018.

« The next catastrophe (and how to survive) », *The Economist* 435 (9200), 27 juin-3 juillet 2020.

« The papas join the mamas », McKinsey & Company, 22 mars 2021.

« The plateform economy », *The Innovator* (*Les Échos*), 9 janvier 2019.

« The politics of pandemics », *The Economist* 434 (9185), 14-20 mars 2020.

« The right medecine for the world economy », *The Economist* 434 (9184), 7-13 mars 2020.

« The Weaker sex. No jobs, no family, no prospects », *The Economist* 415 (8940), 30 mai-15 juin 2015.

« The winners and the losers. How Covid-19 is reordering the global economy », Special report, *The Economist* 427 (9215), 10-16 octobre 2020.

« The workers are revolting… but in a good way », www.nbnco.com, 8 juillet 2015.

« There are early signs the remote work can help level the playing field », McKinsey & Company, 2020.

« Travailler ou vivre », *Harvard Business Review*, n° 5, octobre-novembre 2014.

« UN Secretary-General's policy brief : The Impact of Covid-19 on Women », UN Women, 9 avril 2020.

« Well being in Europe: adressing the High cost of Covid-19 life satisfaction », McKinsey & Company, 2020.

« What is the last mile delivery? Analyzing problems and cost », e.ecommerce-nation.com, 22 octobre 2018.

« Why are so many governements getting it wrong? », *The Economist* 436 (9213), 26 septembre-2 octobre 2020.

« Why is there a shortage of semiconductors. The shift to working from home has created a surge in demand for electronics », *The Economist* 438, 25 février 2021.

« Women in the Workplace 2020 », McKinsey Global Institute, 30 septembre 2020.

« Women in the Workplace », série de documents de 2015 à 2020, McKinsey Global Institute.

« Work *vs.* childcare », *The Economist* 438 (9234), p. 60, 27 février-5 mars 2021.

Aghion P., Antonin C., Bunel S., *Le pouvoir de la destruction créatrice*, Odile Jacob, 2020.

Alexander A. *et al.*, « Reimaging the postmandemic workforce », *McKinsey Quaterly*, 7 juillet 2020.

Alla T., Schaninger B., « The boss factor: making the world a better place through workplace relationships », *McKinsey Quaterly*, 2020.

Anderson J. R., Myowa-Yamakoshi M., Matsuzawa T., « Contagious yawning in chimpanzees », The Royal Society Publishing, 2004.

Autor D. *et al.*, *The Work of the Future: building better Jobs in the Age of Intelligent Machines*, MIT Press, 2021.

Autor D., « Work of the past, work of the future », American Economic Association, Papers and Proceedings, 109, p. 1-32, 2019.

Autor D., *MIT's David Autor on engineering more equitable growth*, dialogue avec Bill Kerr et Joe Fuller de la Harvard Business School, podcast HBS : Managing the Future of Work, 3 février 2021.

Badré B., Putois C., « Vers une nouvelle définition de l'entreprise responsable », Project Syndicate, 14 décembre 2020.

Baig A. *et al.*, « The Covid-19 recovery will be digital », McKinsey & Company, 14 mai 2020.

Balakrishnan T. *et al.*, « Global Survey: the State of IA in 2020 », McKinsey & Company, novembre 2020.

Battagliola F., *Histoire du travail des femmes*, La Découverte, 2000.

BCG/ANDRH (Boston Consulting Group/Association nationale des DRH), « Le télétravail post-Covid vu par les DRH », Études et prospective RH, 19 juin 2020.

Beauchemin C., Hamel C., Simon P., *Trajectoires et origines*, Éditions de l'Ined, 2016.

Beddoes Z. M., « L'année d'après », *Le Monde en 2021, The Economist/Courrier International* HS, janvier-mars 2021.

Beretti P., Bloch A., *Homo numericus au travail*, Economica, 2016.

Berstein A., Raman A. P., « Le grand découplage », entretien avec A. McAfee et E. Brynjolsson, *Harvard Business Review* 15, p. 54-63, avril-mai 2016.

Bharadwag S. S., « Une politique de télétravail peut-elle saper le morale des salariés ? », *Harvard Business Review*, 18, p. 123-127, novembre 2016.

Bonneau C., Charousset P., Grenet J., Thebaul G., *Quelle démocratisation des grandes écoles depuis le milieu des années 2000 ?*, IPP, 2021.

Bouvard P., Storehaye P., *Le travail à distance. Le télétravail et le nomadisme leviers de transformation des entreprises*, Dunod, 2013.

Brady D., Krikovich A., Yee L., « Creating a postpandemic recovery for women in the workplace », The McKinsey Podcast, mars 2021.

Breuzard S., *La permaentreprise.*, Eyrolles, 2021.

Brynjolfsson E., Collis A., « Comment mesurer l'économie numérique ? », *Harvard Business Review*, 43, p. 64-73, février-mars 2021.

Brynjolfsson E., McAfee A., *Des machines, des plateformes et des foules*, Odile Jacob, 2018.

Brynjolfsson E., McAfee A., *Le deuxième âge de la machine*, Odile Jacob, 2015.

Bughin J., Hazan E., « Can artificial intelligence help societies as much as it helps business? », *McKinsey Quaterly*, août 2019.

Bultefield S., « Comment Stewart Butterfield, P-DG de Slack, a fait preuve d'adaptabilité face à une crise mondiale », *Harvard Business Review*, 41, p. 26-32, octobre-novembre 2020.

Burki T., « China's successful control of Covid-19 », *Newsdesk 20*, 110, p. 1240-1241, 1er novembre 2020.

Cabinet Deloitte, *Entreprises à mission. De la théorie à la pratique,* Guide Citizen Capital et Deloitte Développement Durable, 2021.

Cabinet Gartner, « Future of work trends post-Covid-19 », www.gartner.com/en/human-ressources, juin 2020.

Cabinet Roland Berger et Centre d'analyse stratégique, « Le développement du travail dans la société numérique de demain », www.strategie.gouv, 2009.

Cabinet Roland Berger, « An updated assessment of the economic impact of Covid-19 », www.rolandberger.com, 23 juin 2020.

Cabinet Roland Berger, Manceau S., « À l'horizon des jours radieux pour les croisières », www.rolandberger.com, 24 mars 2021.

Cabinet Roland Berger, Testard M., « Le paradoxe du télétravail », www.rolandberger.com, 10 juillet 2020.

Campbell M., Carter D.J., Proctor D., Eisenberg L., De Waal F. B. M., « Computer animation stimulate contagious yawning in chimpanzees », The Royal Society Publishing, 9 septembre 2009.

Campbell M., de Waal F. B. M., « Chimpanzees empathize with group mates and humans, but not with baboons or unfamiliar chimpanzees », The Royal Society Publishing, 7 mai 2014.

Campbell M., de Waal F. B. M., « Ingroup-outgroup bias in contagious yawning by chimpanzees support links to empathy », PloS One 6 (4), 2011.

Canonne J., « Vers une société inclusive », *Sciences Humaines* 335, mars 2021.

Capelli P., Tavis A., « Les RH adoptent les méthodes agiles », *Harvard Business Review* 35, p. 48-56, octobre-novembre 2019.

Capitano J.-P., « Social process and disease in nonhuman primates: introduction to the special section », *American Journal of Primatology*, 74 (6), p. 491-496, 2012.

Carli Ph. *et al.*, *Empreintes sociales. En finir avec le court terme*, préface de P. Picq, Odile Jacob, 2011.

Cascario T. *et al.*, « S'organiser en silos transversaux », *Harvard Business Review*, hors-série décembre 2019-janvier 2020.

Chabot P., *Avoir le temps*, PUF, 2021.

Chabot P., *Global burn-out*, PUF, 2013.

Choudbury P., « Notre avenir décentralisé », *Harvard Business Review* 43, p. 86-96, février-mars 2021.

Colantuoni F. *et al.*, « A fresh look at paternity leave: why the benefits extend beyond the personnal », McKinsey & Company, mars 2021.

Comin D., Hobijn B., « Comment l'adoption précoce des technologies a fait croître la richesse… jusqu'à présent », *Harvard Business Review* 43, p. 24-25, février-mars 2021.

D'Arcy Wood G., *L'année sans été*, La Découverte, 2016.

de Waal F., *L'âge de l'empathie. Leçons de la nature pour une société solidaire*, Les liens qui libèrent, 2010.

DeFilippis E. *et al.*, « Collaborating during coronavirus: the impact of Covid-19 on the nature of work », National Bureau of Economic Research, juillet 2020.

Dejoux C. et Léon E., *Métamorphose des managers à l'ère du numérique et de l'intelligence artificielle*, Pearson, 2018.

Dély R. *et al.*, *Les années 30 sont de retour*, Flammarion, 2014.

Dewar C., Keller S., Sneader K., Stravink K., « The CEO moment: Leadership for a new era », *McKinsey Quaterly*, 2020.

Dossier « Lutter contre la solitude dans un monde hyperconnecté », *Harvard Business Review* 42, décembre 2018-janvier 2019.

Dubey A. S., Granier C., *Collaborer avec les machines : quels changements pour l'opérateur ?*, Presse des Mines, « Les docs de La Fabrique », 2020.

Dunn A., « Longer hours, more emails and shorter meetings – working from home in the time of Covid », World Economical Forum, 14 août 2020.

Dutta S. *et al.*, « Everyone is within learning distance. Building skills remotely », McKinsey & Company, avril 2021.

École française de Rome, *Travailler à domicile : des chambrelans au télétravail*, colloque 5-6 juillet 2019.

Electronic Business Group : série de publications sur l'entreprise apprenante, 2018-2020.

Eurofond 2020, *Living, working and COVID-19*. COVID-19 series, Publications Office of the European Union.

Eurostat, *Working from home in the EU*, 20 juin 2018, www.ec.europa.eu/eurostat

Eurostat, *How usual it is to work from home?*, 6 février 2020, www.ec.europe.eu/eurostat.

EY (Ernst&Young), *Future of work 2020*, www.ey.com, 29 octobre 2020.

Gaillard B., *Le télétravail en Europe*, www.bercynumerique.finances.gouv, 24 avril 2020.

Gately I., *Rush Hours: how 500 million commuters survive the daily journey to work*, Head of Zeus, 2014.

Gautier A., « Les gorilles, une société en péril », revue *Découverte*, n° 338, Palais de la Découverte, mai 2006.

Getz I. et Marbacher L., « Les "entreprises altruistes" sont les plus à même d'affronter l'avenir », *Harvard Business Review* 40, p. 20-21, août-septembre 2020.

Ghemawat P., « La globalisation à l'ère Trump », *Harvard Business Review* 26, p. 40-52, avril-mai 2018.

GIEC ; rapports Nicholas Stern et études des organismes internationaux.

Girault J.-B., « La blockchain peut révolutionner les RH », Journal du Net, 23 octobre 2019.

Global Gender Gap Report 2020 World Economical Forum.

Godelier M., *Au fondement des sociétés humaines. Ce que nous apprend l'anthropologie*, Albin Michel, 2007.

Goettner-Abendtroth H., *Les sociétés matriarcales*, Éditions des Femmes Antoinette Fouque, 2020.

Gomez P.-Y., *Le travail invisible. Enquête sur une disparition*, François Bourin éditeur, 2013.

Govindarajan V., « L'opportunisme planifié. Utiliser les signaux faibles pour innover. », *Harvard Business Review* 21, pp. 42-49, juin-juillet 2017.

Grésin V., Michaud Y., *Mutation numérique et responsabilité humaine des dirigeants*, Odile Jacob, 2010.

Grijpink *et al.*, « Connectivity is undergoing evolutionary change in most parts of the world – and in select areas, a genuine leap into the frontier », McKinsey & Company, 2020.

Groysberg B., Abrahams R., « Gérez votre travail, gérez votre vie », *Harvard Business Review* 5, p. 40-49, octobre-novembre 2014.

Guesnerie R., Lafay D., « En route vers la 3e mondialisation », *La Tribune* Auvergne-Rhône-Alpes, 16 avril 2020.

Hacquart Q., *Future of work 2020*, McKinsey & Company, 29 octobre 2020.

Hamel G., Zanni M., « Tirer profit du génie quotidien. Comment Michelin donne à ses équipes de première ligne la capacité de changer les choses », *Harvard Business Review*, 42, p. 88-98, décembre 2010-juin 2021.

Hancock B., Schaninger B., « The elusive inclusive workplace », McKinsey & Company, mars 2021.

Harari Y., *Sapiens*, Albin Michel, 2016.

Harfoush R., « Télétravailleurs à l'épreuve de la durée : comment leur venir en aide ? », www.habrfrance/expert/rahaf-Harfoush, 2 mars 2021.

Hasting R., Meyer E., *La règle ? Pas de règles ! Netflix et la culture de la réinvention*, Buchet-Chastel, 2021.

Henley Ph., « Covid-19 and One Health », *JBI Evidence Synthesis*, 18 (6), juin 2020.

Hunt V. *et al.*, « Diversity Wins. How inclusion matters », McKinsey & Company, mai 2020.

Iansiti M. et Lakhani K., « Comment rester compétitif à l'ère de l'IA », *Harvard Business Review* 42, décembre 2020-janvier 2021.

Ibara H., Scoular A., « Quand le leader devient coach », *Harvard Busines Review* 41, p. 66-76, octobre-novembre 2020.

ILO (International Labor Organization), *Application of International Labor Standards*, 2020.

ILO (International Labour Organization), *The Covid-19 response: Getting gender equality right for a better future of women at work?*, 2020.

ILO (International Labour Organization), *Working from Home: Estimating the Worlwild potential,* 2020.

IPBS ; rapport de Partha Dasgupta, « The Economics of Biodiversity », février 2021.

Jablonska J., « Seven charts that show Covid-19's impact on women's employment », McKinsey & Company, 8 mars 2021.

Jacobides M. G., Reeves M., « Adapter votre business aux nouvelles réalités », *Harvard Business Review* 42, p. 36-43, décembre 2020-janvier 2021.

Jones C. I., Klenow P.J., « Beyond GDP? Welfare across Countries and Time », *American Economic Review*, 106 (9), p. 2426-2457, 2016.

Kluger A. J., « The work from home debate: do litigators need to be in the office ? », Kluger Kaplan, 25 mars 2013.

Kolakowski N., « Covid-19 burnout growing among remote workers », Insights Dice, 5 mai 2020.

Larson B. Z., Vroman S. R., Makarius E. E., « Manager vos (nouveaux) télétravailleurs », *Harvard Business Review* 39, p. 70-75, juin-juillet 2021.

Lautent C., « Nos économies étaient-elles prêtes pour le télétravail généralisé ? », *Harvard Business Review*, 41, p. 24, octobre-novembre 2020.

Legner C. *et al.*, « Digitalization: Opportunity and challenge for the business and Informations Systems Engineering Community », *Business & Information Systems Engineering* 59 (4), p. 301-308, 2017.

Léonardi P., Contractor N., « Mieux analyser ses données RH », *Harvard Business Review* 40, p. 62-73, août-septembre 2020.

Les Échos, série d'articles sur le télétravail, zoom des *Échos*.

Levering R. (éds.), *Transforming Workplace Cultures*, Primavera Editorial, 2010.

Lévi-Strauss C., *Race et culture,* Unesco 1971, Albin Michel, 2020.

Lévi-Strauss C., *Race et histoire,* Unesco 1952, Albin Michel, 2020.

Lewis R., *Pourquoi j'ai mangé mon père ?*, Pocket, 2012 [1975].

Lund S. *et al.*, « What's next for remote work: an analysis of 2,000 tasks, 800 jobs, and nine countries », McKinsey Global Institute, novembre 2020.

Madgavkar A., Krishnan M., Mahajan D., Azcue X., « Covid-19 and gender equality : countering the regressive effects », McKinsey, juillet 2020.

Malpass D., « Assurer une reprise verte, résiliente et inclusive », Discours du Président de la Banque mondiale, 29 mars 2021.

Manyika J., Smit S., Woetze J., « The Future of Work after Covid-19 », McKinsey Global Institute, février 2021.

Mayo A. J., Margolis J. D., Gallo A., « Donner à votre collègue la note qu'il mérite – ou celle qu'il veut ? », *Harvard Business Review* 43, p. 116-121, février-mars 2021.

McCulley L., « Lockdown: Homeworkers putting on extra hours », HRD, 27 avril 2020.

Messenger B. *et al.*, *Teleworking in the 21st Century: An Evolutionary Perpsective*, Edward Elgar Publishing Ltd, 22 novembre 2019.

Meyer E., *La carte des différences culturelles*, Éditions Diateino, 2016.

Meyer E., *The Culture Map: Breaking Through the Invisible Boundaries of Global Business*, PublicAffairs, 2014.

Miller D., *Digital Anthropology*, Berg Publishers, 2012.

Murthy V., « Le travail et l'épidémie de solitude », *Harvard Business Review* 30, p. 52-68, décembre 2018-janvier 2019.

Newbern L., « Chimpanzee empathy is key to understanding human engagement », *Woodruff Health Science Center*, Emory News Center, 12 mars 2014.

Nibourel Ch., *Écoutons le monde de demain*, L'Expansion, 2014.

Nikou S. *et al.*, *Entrepreneurial intentions and gender: pathways to start-up*, Emerald Insight, 20 août 2019.

OCDE (OECD), *Productivity gains from teleworking in the post Covid-19 era: How can public policies make it happen?*, www.oecd.org/coronavirus, 7 septembre 2020.

OECD, *The emergence of new forms of work and their implications for labour relations*, 1st Meeting of the G20 Employement Working Group, Buenos Aires, 21-21 février 2018.

OIT (Organisation internationale du travail), *Le travail à domicile. De l'invisibilité au travail décent,* janvier 2021.

Owen J., « The benefits of disability in the workplace », *Forbes,* 17 mai 2012.

Pasquaretta C. *et al.*, « Social networks in primates: smart and tolerant species have more efficient networks », *Nature,* décembre 2014.

Passet O., « Place à l'hyperglobalisation », *Alternatives Economiques* 411, p. 47-48, avril 2021.

Patino B., *La civilisation du poisson rouge*, Grasset, 2019.

Perlow L. A., « Halte à la folie des réunions », *Harvard Business Review* 26, p. 98-100, avril-mai 2018.

Petriglieri G. *et al.*, « Prospérer dans l'économie à la tâche », *Harvard Business Review* 28, p. 114-117, août-septembre 2018.

Petriglieri J., « Comment fonctionnent les couples qui mènent leur carrière tambour battant ? », *Havard Business Review* 41, 90-98, octobre-novembre 2020.

Picq P., Arata F., Bertin B., « Travailler demain : en quoi de nouvelles habitudes de travail redessinent l'entreprise », DRH Innovation, Conférence Club Harvard Business Review, 23 mars 2021.

Picq P., *De Darwin à Lévi-Strauss : l'homme et la diversité en danger,* Odile Jacob, 2013.

Picq P., *Et l'évolution créa la femme*, Odile Jacob, 2020.

Picq P., *L'Intelligence artificielle et les chimpanzés du futur,* Odile Jacob, 2019.

Picq P., *La mal-mesure de la femme,* en préparation, Odile Jacob, 2021.

Picq P., *La marche. Sauver le nomade qui est en nous*, Autrement, 2015.

Picq P., *Le nouvel âge de l'humanité. Les défis du transhumanisme expliqués à une lycéenne*, Allary Éditions, 2018.

Picq P., *Le retour de Madame Neandertal*, Odile Jacob, 2015.

Picq P., *Nouvelle histoire de l'Homme*, Perrin, 2002.

Picq P., *Premiers hommes*, Flammarion, 2016.

Picq P., *Qui va prendre le pouvoir ? Les grands singes, les hommes politiques ou les robots*, Odile Jacob, 2017.

Picq P., *S'adapter ou périr. Covid-19 : faire front. Entretien avec Denis Lafay*, Éditions de l'Aube, 2020.

Picq P., *S'adapter ou périr. La ville doit choisir*, Dossier Rêvons la Ville, *La Tribune*, 16 février 2021.

Picq P., *Sapiens face à Sapiens,* Flammarion, 2019.

Picq P., *Un paléoanthropologue dans l'entreprise*, Eyrolles, 2011.

Picq P., *Une époque formidable. Dialogue avec Denis Lafay*, Éditions de l'Aube, 2019.

Piketti T., *Le capitalisme au XXIe siècle*, Seuil, 2013.

Poba-Nzaou P., « Technologie et ressources humaines : évolution de l'emploi et des compétences à l'ère de l'intelligence artificielle » CRHA, 1er novembre 2017.

Pratt L., « The benefits of disability diversity in the workplace », HRD Connect, 16 octobre 2018.

Quammen D., *Le grand saut*, préface de P. Picq, Flammarion, 2020.

Rabozzi G. *et al.*, « Emerging zoonoses: the "One Health Approach" », *Safety and Health at Work*, juin 2021.

Rebours Ch., Pauly I., *L'Expérience, le nouveau moteur de l'entreprise*, Diateino, 2016 ; préface de P. Picq.

Reeves M. *et al.*, « L'entreprise auto-adaptative », *Harvard Business Review*, novembre 2016.

Reid C. et Ramarajan L., « Gérer la pression au bureau », *Harvard Business Review* 23, p. 100-107, octobre-novembre 2017.

Reynold B. W., Bibby A., « The complete History of working from Home », flexjobs, 30 octobre 2017.

Rifkin J., *L'âge de l'accès*, La Découverte, 2005.

Rifkin J., *La fin du travail*, La Découverte, 1997.

Ripa Y., *Histoire féminine de la France : de la Révolution à la loi Veil*, Belin, 2020.

Rogerlberg S. G. *et al.*, « Pourquoi vos réunions craignent – et comment y remédier », *Harvard Business Review* 33, p. 120-123, mai 2019.

Rubrique Bagehot à propos du livre de Michael Young, *The Rise of Meritocraty – Meritocraty and its discontents*, dans *The Economist* 426 (9078), p. 29, 10-16 février 2018.

Sahlins M., *Âge de pierre, âge d'abondance : L'économie des sociétés primitives*, Gallimard, 1976.

Sanders M. J., *La tyrannie du mérite*, Albin Michel, 2021.

Scheidel W., *Une histoire des inégalités : de l'âge de pierre au XXIe siècle*, Actes Sud, 2021.

Schenker L. J., *The Innovator* (*Les Échos*) 7, « The global IA race and its consequences », septembre 2018.

Schur L. A., Ameri M., Kruse D., « Telework after Covid: a "silver lining" for workers with disabilities? », *Joural of Occupational Rehabilitation* 30, p. 521-536, 2020.

Schwab K., Malluret Th., *Covid-19. La grande réinitialisation*, Forum Publishing, 2020.

Schwartz N. D., « Working from home poses hurdles for employees of color », *New York Times*, 6 septembre 2020.

Schweitzer S., *Les Femmes ont toujours travaillé. Une histoire du travail des femmes aux XIXe et XXe siècles*, Odile Jacob, 2002.

Scoblic J.-P., « Apprendre du futur », *Harvard Business Review*, février-mars 2020.

Series Papers: « Covid-19 and the great reset », McKinsey & Company.

Serres M., *Petite Poucette*, Éditions Le Pommier, 2012.

Shen L., « Misoginy at Alibaba and Baïdu: the struggle of China's female tech execs », Protocol-China, 27 janvier 2021.

Sostero M. *et al.*, « Teleworkability and the Covid-19 crisis: a new digital divide? », Commission européenne, mai 2020.

Spiesshofer U., « Intelligence artificielle : les "machines intelligentes" ne sont pas près de remplacer les êtres humains », *Le Monde*, Tribune du 28 février 2018.

Straub R. et Kirby J., « Croissance. Tirer le meilleur parti du potentiel humain », *Harvard Business Review* 16, octobre-novembre 2017.

Tawil S., « Après six mois de crise : réflexions sur les efforts internationaux déployés pour assurer la continuité de l'apprentissage grâce aux technologies », UNESO, 2020.

Testart A., *Avant l'Histoire. L'évolution des sociétés de Lascaux à Carnac*, Gallimard, 2012.

Testart A., *L'amazone et la cuisinière : Anthropologie de la division sexuelle du travail*, Gallimard, 2014.

Testart A., *Les chasseurs-cueilleurs ou l'origine des inégalités*, Société d'ethnographie (Université Paris X-Nanterre), 1982.

Todd E., *La lutte des classes en France au XXIe siècle*, Seuil, 2020.

Traniello J. F. A., Bakker T. C. M., « Social behavior and disease: supporting science during the pandemic », *Behavior Ecology and Sociobiology*, 74 (8), p. 99, 2020.

UE (Union européenne), « Telework in the EU before and after Covid-19: where we were, where we head to », Science for Policy Briefs.

UE Data Collection in the Field of ethnicity, 2017.

UN Women : « From Insights to Action: Gender equality in the wake of Covid-19 », 2020.

Vidal C. (dir.), *Féminin/masculin : Mythes et idéologies*, Belin, 2006.

Vitaud L., « Ce qui se cache derrière les chiffres du télétravail en France », Institut Montaigne, 14 septembre 2020.

Walter F., « Survivre est une nécessité… prospérer ensuite », *Harvard Business Review* 39, p. 42-49, juin-juillet 2020.

Waytz A. et Mason M., « Le cerveau au travail », *Harvard Business Review* 28, p. 102-111, août-septembre 2018.

Weber M., *Économie et société*, Pocket, 2003.

WEF (World Economical Forum), *The Davos Agenda*, 20-25 janvier 2021.

Wessel M. *et al.*, « Le problème avec les écosystèmes du passé », *Harvard Business Review* 22, p. 50-57, août-septembre 2017.

Westfall B., Mokrani S., « L'open space est mort, vive les espaces de travail alternatifs », Capterra, 14 mars 2019.

Whiting K., « These 5 charts reveal the gender and diversity gaps start-ups must bridge », WEF, 19 août 2020.

Wiles J., « 5 ways blockchains will affect HR », Gartener, 27 août 2019.

Wilkinson R. et Pickett K., *The Inner Level: How More Equal Societies Reduce Stress, Restore Sanity and Improve Everyone's Well-being*, Allen Lane, 7 juin 2018.

Wilson J. et Daugherty P.R., « Intelligence collaborative. Quand l'homme et la machine unissent leurs efforts. », *Harvard Business Review* 32 : pp. 94-104, avril-mai 2019.

World Economical Forum, Global Gender Gap Report, 2020.

Zweig D., « Gérer les invisibles », *Harvard Business Review* 8, p. 104-112, avril-mai 2015.

Sites

Site du bureau international du travail : www.ilo.org/publns

Becker Friedman Institute, Key economic findings about Covid-19 : www.bfi-uchicago.edu

acaps.org

France Culture, série de podcasts sur l'histoire du travail à domicile : www.franceculture.fr/emissions/le-cours-de-lhistoire.

iatranshumanisme.com : série d'articles sur les conséquences de l'automation, de la robotisation et de l'IA sur la société et l'emploi.

Sites du McKinsey Global Institute – McKinsey & Company, McKinsey Digital…

Site du MIT, *Task Force of the Work of the Future*, www.workofthefuture.mit.edu

L'Usine Nouvelle : www.usinenouvelle.com

Histoire du travail à domicile : www.theworkhome.com/history-workhome

Sur le travail flexible : www.flexjobs.com

Site du gouvernement : www.teletravailler.fr

www.wikipedia.org : « Télétravail », « Telecommuting », « Great Reset – la grande réinitialisation ».

Troisième tirage 2021

Dépôt légal : septembre 2021

Imprimé en France par Corlet

N° d'impression : 21090739

Cet ouvrage est imprimé sur du papier offset 90 g,
papier issu de forêts gérées durablement.